科创教育

● 8个项目教你学会使用掌控板
● 立足掌控板，充分挖掘智能感知
● 以跨学科融合方式推进知识与技能的学习
● 聚焦学生信息科技核心素养的培育

U0287825

掌控 AI 入门之旅

中小学生初识人工智能

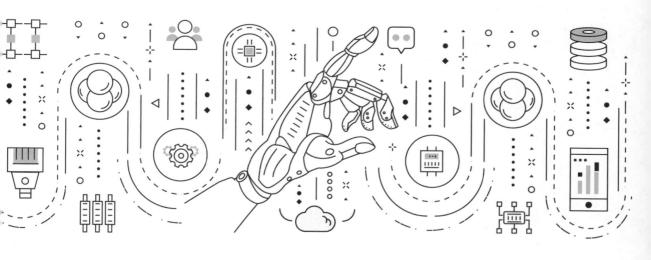

■ 主编 张俊 宋蓉
■ 副主编 杜涛 隆紫露

人民邮电出版社
北京

图书在版编目（ＣＩＰ）数据

掌控AI入门之旅：中小学生初识人工智能 / 张俊，宋蘅主编. -- 北京：人民邮电出版社，2023.7
（科创教育）
ISBN 978-7-115-60836-9

Ⅰ．①掌… Ⅱ．①张… ②宋… Ⅲ．①人工智能－青少年读物 Ⅳ．①TP18-49

中国国家版本馆CIP数据核字（2023）第022254号

内 容 提 要

近年来，各个学校陆续开设了丰富多彩的社团活动。其中，人工智能的学习被广为关注，对应地，各个学校采购了五花八门的设备，开始了人工智能的推广。为了构建系统化、生态化的人工智能学习环境，本书选择掌控板作为载体，推广编程教育，介绍人工智能应用。

本书作为科创教育丛书人工智能系列小学版图书，从新课标对学科融合的要求出发，以学校主要学科的教学实施作为场景，通过 8 个项目的学科融合，循序渐进地介绍掌控板、软件编程和 mPython 软件的主要使用方法，并讲解语音识别和语音合成这两种人工智能技术的基础应用。

本书主要面向小学，适合编程技术的初学者，书中所选项目适合在小学社团活动中开展。

◆ 主　　编　张　俊　宋　蘅

　　副主编　杜　涛　隆紫露

　　责任编辑　哈　爽

　　责任印制　马振武

◆ 人民邮电出版社出版发行　　北京市丰台区成寿寺路 11 号
　　邮编　100164　电子邮件　315@ptpress.com.cn
　　网址　https://www.ptpress.com.cn
　　雅迪云印（天津）科技有限公司印刷

◆ 开本：775×1092　1/16
　　印张：8　　　　　　　　　2023 年 7 月第 1 版
　　字数：160 千字　　　　　 2023 年 7 月天津第 1 次印刷

定价：69.90 元

读者服务热线：(010)81055493　印装质量热线：(010)81055316
反盗版热线：(010)81055315
广告经营许可证：京东市监广登字 20170147 号

编 委 会

前 言

  随着计算科学的发展、普及和时代的需求，人工智能已开始进入人们的日常生活和学习中。《新一代人工智能发展规划》中提出实施全民人工智能教育项目，在中小学阶段设置人工智能相关课程是一件迫在眉睫的事情。中小学生人工智能教育不仅仅是要学生理解人工智能的理论知识，还应培养学生解决实际问题的能力。

  本书基于 mPython 0.7.2 图形化编程软件，主控采用掌控板。撑控板支持 Wi-Fi 和蓝牙连接，配备 OLED 显示屏、声音传感器、光线传感器等，包含触摸开关、金手指外部扩展接口，在不外接设备的情况下也能完成多种人工智能应用，如语音识别、语音合成。

  本书作为武汉市东西湖区人工智能校本课程的小学版图书，适合对掌控板和软件编程刚刚入门的学生使用，内容上选取 8 个项目，从知识点与不同学科的融合介入，循序渐进地介绍掌控板、软件编程和 mPython 软件的主要使用方法。

  本书的编写，由武汉市东西湖区实验小学牵头，由东西湖区教育局普教科组织东西湖区科创教研团队参与。本书的定位是结合人工智能课程教学实际，为全区广大中小学生开发一套成体系的社团用人工智能教育应用图书。本书融合团队成员长期开展中小学人工智能教学的经验，以生活中的问题和情景引发思考，激发学生的好奇心、求知欲，用轻松简洁、逻辑严谨、体现创客教育理念的人工智能课程，培养学生解决实际问题的能力，适合普通中小学学生学习或阅读。

  为了方便教师和学生学习，本书配套教学课件、素材和程序源代码。编写团队还面向一线教师提供完整的培训服务，并为刚接触人工智能的中小学生精心录制了操作视频，让学生跟着教师一起开启人工智能的学习之路。

目　录

项目 1　语文课——《诗词大会》 ………………………………………… 001

项目 2　数学课——《趣味绘图》 ………………………………………… 018

项目 3　美术课——《表情包大放送》 …………………………………… 031

项目 4　阅读课——《环保小卫士》 ……………………………………… 045

项目 5　音乐课——《掌上演奏的音符》 ………………………………… 057

项目 6　体育课——《简易计步器》 ……………………………………… 072

项目 7　信息科技课——《探秘物联网》 ………………………………… 086

项目 8　英语课——《英语小词典》 ……………………………………… 103

项目1 语文课——《诗词大会》

中国古诗词是中国灿烂文化遗产中的瑰宝，是人文教育和语言文字学习的丰富资源。任凭时光流逝，岁月更迭，浓厚的诗情依旧在人的精神中熠熠生辉，这正是诗词的魅力所在。同学们，你们喜欢中国古诗词吗？在开始学习之前，大家先读一读下面这首诗吧。

jué jù
绝 句
táng dù fǔ
唐·杜甫

liǎng gè huáng lí míng cuì liǔ
两 个 黄 鹂 鸣 翠 柳，

yī háng bái lù shàng qīng tiān
一 行 白 鹭 上 青 天。

chuāng hán xī lǐng qiān qiū xuě
窗 含 西 岭 千 秋 雪，

mén bó dōng wú wàn lǐ chuán
门 泊 东 吴 万 里 船。

从诗词中我们不仅可以领略春夏秋冬的四时变换、高山流水的山河魅力，还可以感受亲情友情的可贵、悲喜交加的情怀！

我最喜欢诗词短短几句就能描写出各种优美的场景。"草长莺飞二月天，拂堤杨柳醉春烟。"可真是美极了！

不仅如此，古诗词的美还在于对仗工整，节奏鲜明，音调和谐，读起来朗朗上口。

看来大家不仅仅喜欢古诗词，对中国的古诗词也相当了解。既然大家对中国古诗词都这么感兴趣，那今天我们就用掌控板来举行一场诗词大会。

基础任务：毛遂自荐

想一想

用掌控板来举行诗词大会吗？可是怎么样才能用掌控板来展示我们想要表达的诗句呢？

杜同学，你说得简单，掌控板上有显示屏，直接用显示屏来显示不就行了吗？

悠悠同学，你说得简单，掌控板上没有用来输入的键盘，显示屏也不是触屏的，那怎么才能让文字显示在掌控板的显示屏上呢？

悠悠同学，不用着急，我们有掌控板专门的开发工具 mPython，我们可以利用 mPython 这款应用软件来为掌控板输入文字信息。

真不错！贾英雄同学懂得真多！ mPython 是一款专业的图形化编程软件，我们后续的项目都需要用到 mPython 来完成。

学一学

在诗词大会开始之前，我们先认识一下 mPython 的操作界面吧（见图 1-1）。

图 1-1　mPython 操作界面简介

认识了 mPython 的操作界面还不够呢，想要让掌控板显示文字，我们需要用到以下积木（见表 1-1）。

表 1-1 积木和功能列表 1

积木	功能
主程序	程序开始
OLED 显示 清空	清空掌控板的 OLED 显示屏
OLED 第 1 行显示 "Hello, world!" 模式 普通 不换行	在 OLED 显示屏上第 1~4 行显示设定的文字
OLED 显示生效	将指定内容显示在 OLED 显示屏上

在"显示"类模块中，可以找到显示文本的一系列积木，通过下拉箭头指示处的数字选项，可以选择不同的行进行文本输入（见图 1-2）。

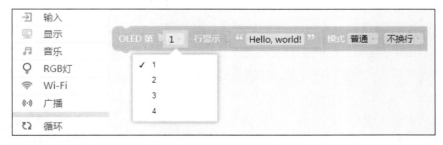

图 1-2 显示积木中行数设置

试一试

了解了各个积木的功能之后，谁来分析一下显示文字的基本步骤，方便我们后续的编程呢？

我知道！第 1 步，程序开始，清空掌控板的 OLED 显示屏；第 2 步，找到显示文本的积木；第 3 步，设置文字在第几行显示，输入要显示的文字；第 4 步，让显示生效。

菜菜你可真啰唆，看我用程序流程图来表示，简洁又明了（见图1-3）。

还是杜帅同学厉害，一看就明白了！那我就先来毛遂自荐一下（见图1-4）。

松松，你把程序仿真，看看掌控板能不能成功显示文字。

单击仿真区中第一个按钮可以看程序的仿真效果，如果修改了程序，则需要用第二个按钮刷新一下程序再进行仿真（见图1-5）。

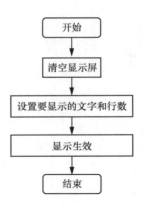

图 1-3　显示文字程序流程图

图 1-4　显示文字程序

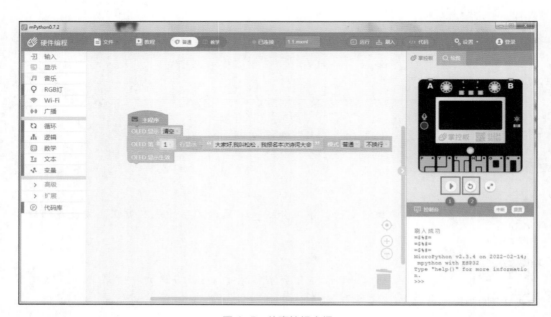

图 1-5　仿真按钮介绍

OK，我来试一试……为什么我的文字只显示了一半呢（见图 1-6）？

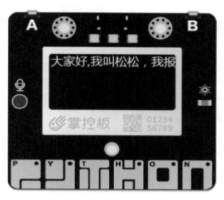

图 1-6　显示文字的仿真效果

松松，掌控板的显示屏显示的字符有限，一行是显示不了那么多字符的。说到这，就请呆哥给大家讲一讲掌控板 OLED 显示屏的相关知识吧。

知识拓展

掌控板的正面有一个 OLED 显示屏，分辨率为 128 像素 ×64 像素。显示屏可显示文本（中文、英文、日文、韩文等多种语言字符）、图像和动画（见图 1-7）。

- 掌控板 OLED 显示屏一行最多显示 10 个完整中文字符。
- 掌控板 OLED 显示屏一行最多显示 16 个英文字符。
- 掌控板 OLED 显示屏一行最多显示 18 个阿拉伯数字。

图 1-7　掌控板 OLED 显示屏

 秀一秀

松松，看我轻松帮你解决，把"不换行"改成"自动换行"就OK了（见图1-8）。

图 1-8　显示文字"自动换行"设置

我发现设置"自动换行"之后的仿真效果还是文字没有完全显示，于是我将程序"刷入"掌控板试试，结果就显示出来了（见图1-9），哈哈，不愧是我。

很棒啊！杜同学，遇到问题时多试一试就能解决了。同学们，除了设置"自动换行"，还可以分行来显示文字。

图 1-9　设置"自动换行"后刷入效果

 是的老师，我已经尝试出如何进行分行显示文字了（见图1-10、图1-11）。

图 1-10　分行显示文字

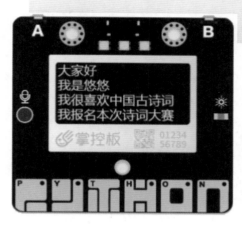

图1-11 分行显示文字的仿真效果

 不仅如此，我还将我的程序保存起来了。

利用"文件"菜单下的"保存本地"，然后选择.mxml格式，再选择要保存的位置，就可以将我们的程序进行保存啦（见图1-12、图1-13）！

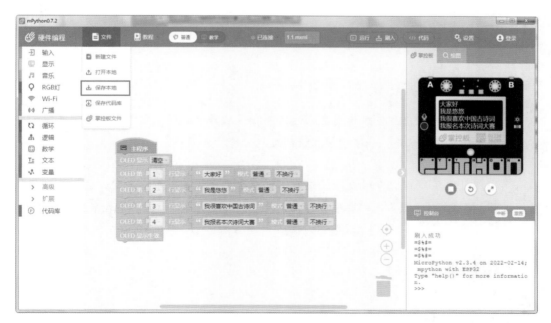

图1-12 保存程序

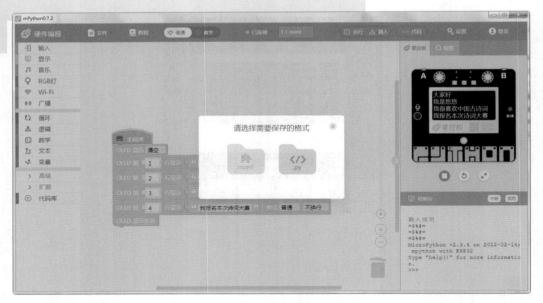

图 1-13　选择保存格式

同学们太厉害了，自己探索出了这么多功能，大家都这么厉害，老师我已经迫不及待地要开始今天的诗词大会了！

进阶任务：诗词"飞花令"

想一想

我发现掌控板 OLED 显示屏显示的文字都是从每一行的最前面开始，可是有的文字需要特定的格式才好看，能不能将显示的文字进行位置调整呢？

当然可以了！我们中国古诗词的美不仅在于文字优美，情感丰富，也在于诗词的对仗工整，格式统一。我们既然要举办诗词大会，那当然要按照诗词的格式来显示文字了。

知识拓展

掌控板 OLED 显示屏的分辨率为 128 像素 ×64 像素，即横向有 128 个点，纵向有64个点。以显示屏左上角为起点，*X*轴横坐标横向向右依次增大，*Y*轴坐标纵向向下依次增大。通过坐标（*X,Y*）的形式表示显示屏上点的位置（见图1-14）。在掌控板中，字符与图片的坐标都是指该字符或图片的左上角第一个像素点的位置。

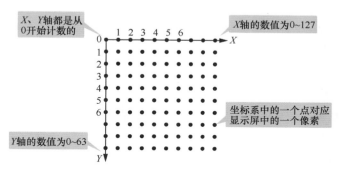

图1-14　掌控板OLED显示屏上点的位置

学一学

我们想要自己设置显示的文字的位置，就要用坐标来显示文字，需要用到下面这个积木，请同学们仔细学习（见表1-2）。

表1-2　积木和功能列表2

积木	功能
显示文本 x 0 y 0 内容 "Hello, world!" 模式 普通 不换行	在OLED显示屏上显示文字，通过设置*x*坐标和*y*坐标的值，可以设置文字的横向坐标和纵向坐标，自定义文字在显示屏上的位置

试一试

知道了 显示文本 x 0 y 0 内容 "Hello, world!" 模式 普通 不换行 这一积木的功能，了解了OLED显示屏的坐标后，谁能说说，显示自定义位置的文字步骤是怎样的？

明白了可以用坐标来设置文字的位置，结合刚刚的学习，显示自定义位置的文字步骤应该是这样的。第1步，程序开始，清空掌控板的OLED显示屏；第2步，找到用坐标显示文本的积木；第3步，设置文字*x*坐标和*y*坐标的值，输入要显示的文字；第4步，让显示生效。

我们再来研究一下怎么样让一首五言绝句显示在显示屏的正中间。

一个中文字符占用像素为 12 像素 ×16 像素。一首五言绝句一行是 5 个字，横向占用像素为 12×5=60 像素，那么还剩余 68 个像素，诗句前后各空一半就是 34 个像素，所以我们第一行诗句的 x 坐标应该是 34。

通过学霸的讲解，我知道了想要用坐标显示文字，要先确定文字的位置，估算一下它们的横坐标和纵坐标。

这次我也学会了用简洁明了的程序流程图来表示编程步骤了，不过给大家设置了一点小难题，请大家把程序流程图（见图 1-15）补充完整。

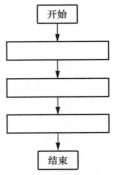

图 1-15　显示自定义位置文字程序流程图

菜菜同学，这可难不倒我，请看我的程序（见图 1-16）。

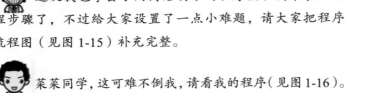

图 1-16　显示自定义位置文字程序

同学们，一切准备就绪，那我们的诗词大会"飞花令"环节现在开始，请大家每人想一首带"月"字的古诗，并尝试按格式将诗句显示在掌控板的 OLED 显示屏上。

秀一秀

含"月"的古诗可太多了，一下子就想到了一首（见图 1-17、图 1-18）！

图 1-17　显示带"月"字的古诗程序

图 1-18　显示带"月"字的古诗仿真效果

菜菜，你那首古诗也太小儿科了吧，看我的（见图 1-19、图 1-20）。

图 1-19　显示带"月"字的七言古诗程序

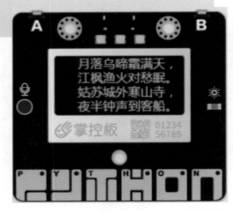

图 1-20　显示带"月"字的七言古诗仿真效果

看来同学们的古诗储备量很大啊！那我们小组之间互相展示交流一下吧！比一比哪一组显示的诗句最多！

拓展任务：诗词小冠军

想一想

嘻嘻，老师，我肚子里还有好多含"月"的古诗呢，都没地方展示了！

当然有办法显示多个内容了，大家可不要小瞧咱们的掌控板！

学一学

我们可以利用循环板块中的重复积木和等待积木配合显示文本的方法实现文字轮播的效果，这样就能显示多首古诗了（见表 1-3）。

表 1-3　积木和功能列表 3

积木	功能
一直重复	一直重复执行框里的程序
等待 1 秒	上一个积木执行完后等待 1s 再执行下一个积木

试一试

 懂了，有了这两个积木，我们就可以把要显示的古诗依次播放了，前面一首古诗显示一段时间后再换另一首古诗显示，这样就可以依次显示多个内容了。

可是这样前面的古诗和后面的古诗不就重叠了吗？那也看不清楚显示的内容了啊？

在显示每首古诗之前都将显示屏清空不就可以了。

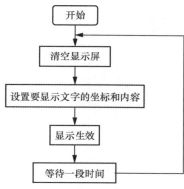

没错，在每一次显示之前都将显示屏清空，那显示的内容就不会重叠了。大家看一下程序流程图就明白了（见图1-21）。

图1-21 轮播显示文字程序流程图

 我把需要的积木按照程序流程图拼接起来（见图1-22），果然实现了轮播的效果呢！

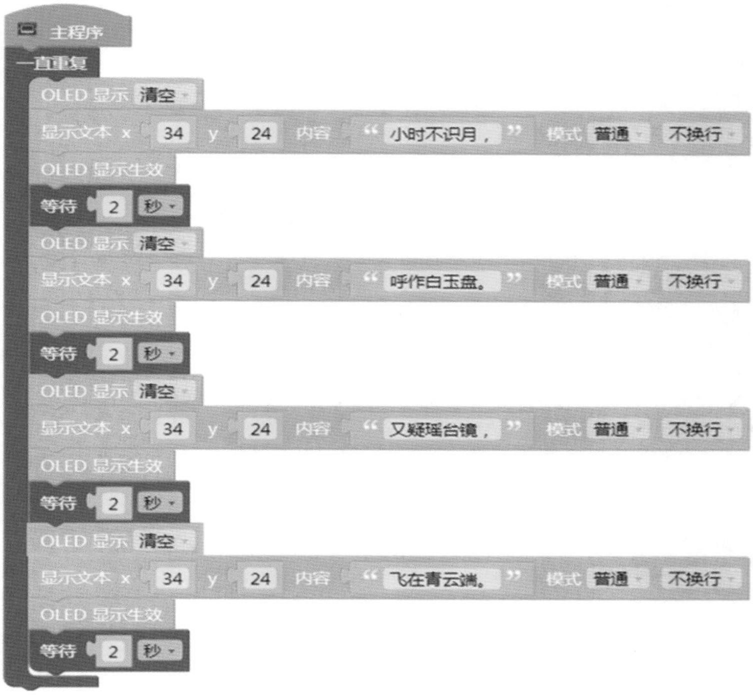

图1-22 轮播显示文字程序

我还发现等待的时间是可以自己调整的，如果要显示的内容较多，可以让等待时间长一点。

秀一秀

啊哈，看来本次诗词大会冠军非我莫属了（见图1-23、图1-24）。

图 1-23　多首含"月"古诗轮播程序

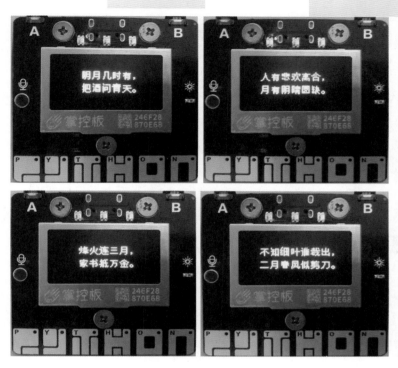

图1-24 多首含"月"古诗轮播效果

杜同学果然博学多才，不过今天诗词大会的冠军是不是你，那还要看看同学们的作品才知道呢！大家也来做一做，看看谁是今天"飞花令"的冠军吧！

评一评

在完成任务的过程中，你有哪些收获呢？快来写一写吧！

① _____ ;

② _____ ;

③ _____ 。

这节课的3个任务你都完成了吗？请大家填写表1-4记录一下你遇到的困难和解决办法。

表 1-4　学习记录表

在完成任务的过程中，我遇到了一些困难	我的解决办法

再来评一评自己的学习效果吧！请大家用画笔涂一涂，看看自己能得多少颗星星，3 颗星表示优秀，2 颗星表示良好，1 颗星表示继续努力（见表 1-5）。

表 1-5　学习评价表

评价维度	评价内容	我的得星数
学习任务	我能正确显示各类型文本	☆ ☆ ☆
	我能利用坐标设置显示文本的位置	☆ ☆ ☆
	我能正确设置文本轮播效果	☆ ☆ ☆
学习表现	小组合作遇到问题时我积极动脑思考	☆ ☆ ☆
	我能主动倾听和帮助组员	☆ ☆ ☆
	在活动过程中我有一些新的想法	☆ ☆ ☆

读一读

坐标系

　　坐标系可以直观地描述图形的几何信息、位置和大小，是建立图形与数之间对应关系的参考系。常见的坐标系有直线坐标系、平面直角坐标系、柱面坐标系和球面坐标系。在掌控板的 OLED 显示屏上就是使用像素构成直角坐标系来表示图形的像素值。

　　坐标系相传是法国数学家笛卡尔生病卧床，看见蜘蛛织网从而得到启发发明的（见图 1-25）。坐标方法在日常生活中经常用到，如象棋中棋子的定位；电影院、剧院、体育馆的看台、火车车厢的座位及高层建筑的房间编号等都用到了坐标的概念。

笛卡尔

蜘蛛，怕怕……

传说某天，
笛卡尔看见墙上有蜘蛛。

他突然想到：要是把墙角看作3个数轴，
蜘蛛的位置不就确定出来了么？
于是，直角坐标系就此诞生了。

图 1-25　笛卡尔发明坐标系

项目 2　数学课——《趣味绘图》

世界是多姿多彩的，数学世界中图形是多种多样的。我们一起看看图 2-1 中的几幅图形，你能描述一下它们是什么形状，或者是由哪些形状组成的吗？

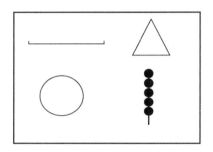

图 2-1　图形

一条拉紧的绳子、一根树枝、人行横道线都是线条，而实际上的直线是无限延伸、不可测量长度的。第 1 个图形是一条线段，画线段应该是最简单的！

第 2 个图形是一个三角形，因为它的结构十分稳定，到处都能看到它的"影子"，比如自行车架、篮球架、衣架、建筑物顶部等，三角形给我们的生活带来了方便和安全。

第 3 个图形是圆，是最基本也是最实用的图形。大如宇宙天体，小至原子电子，飞转的车轮、嘀嗒的钟表、家里的餐具……简单中寓意深奥。

第 4 个糖葫芦是组合图形，由圆和线组成。

大家都是善于观察的好孩子，生活中我们经常会遇到这些图形，由于性质不一样，它们适用于不同的物品和场合，那大家想知道如何利用掌控板显示数学中的图形吗？

基础任务：绘制三角形

想一想

我会用掌控板显示文字，用掌控板显示图形是不是更有趣呢？用掌控板显示三角形和显示文字的方法是一样的吗？

既然要显示三角形，那掌控板中有没有内置三角形呢？如果没有内置三角形要怎么办？

掌控板可以显示内置图形，如绘制线，建议大家先从绘制线着手。

老师，您让我们先从绘制线着手，但绘制三角形需绘制三条线，怎么才能让它们连起来呢？

看来大家都在动脑筋思考问题！我们先从三角形的定义入手，三角形是在同一平面内，由不在同一条直线的3条线段首尾相接所得的封闭图形。在掌控板中绘制三角形，首先要确定3个顶点坐标，然后绘制线段将其首尾相连。

学一学

显示线段，要注意显示线的位置，对此，我们需要用到以下积木（见表2-1）。

表2-1 积木和功能列表4

积木	功能
绘制 线 x1 0 y1 0 x2 50 y2 50	在 OLED 显示屏上显示线，通过设置 x 坐标和 y 坐标的值，可以设置线段的起止点

试一试

了解了积木的功能之后，谁来分析一下显示三角形的基本步骤，方便我们后续的编程呢？

这还不简单,第 1 步,程序开始,清空掌控板的 OLED 显示屏;第 2 步,在坐标系上确定 3 个顶点的坐标($x1$,$y1$)、($x2$,$y2$)和($x3$,$y3$),也就是在 OLED 显示屏的显示位置;第 3 步,把相应的坐标值输入绘制线积木中,此时要注意两个顶点才能绘制一条线段。第 4 步,让显示生效。

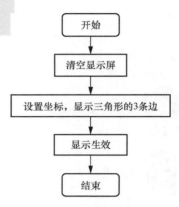

图 2-2 显示三角形程序流程图

不愧是我,这是我的程序流程图,厉害吧(见图 2-2)!

啥都不说了,先来条线段试一试(见图 2-3)。

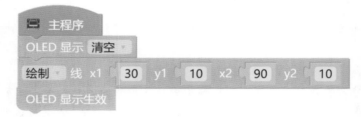

图 2-3 显示一条线段程序

菜菜,你的速度也太慢了吧,我早就完成了三角形的绘制(见图 2-4)。

图 2-4 显示一个三角形程序

大家已经掌握了三角形的画法,此时我们只需要更改一个坐标就能绘制一个对称的三角形(等腰三角形)。

这也太 easy 了，（30,10）和（90,10）绘制的是一条水平线段，根据三角形的性质两边之和大于第三边，只要第三个坐标的 x 坐标值为 (30+90)/2=60，y 坐标只要在 0～64 范围内，且不等于 10 就可以了，看我画的等腰三角形（见图 2-5）。

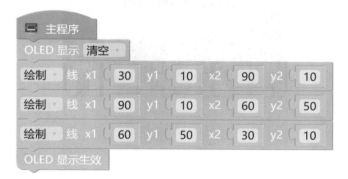

图 2-5　显示一个等腰三角形程序

秀一秀

杜帅，给你看看我绘制的三角形（见图 2-6）。

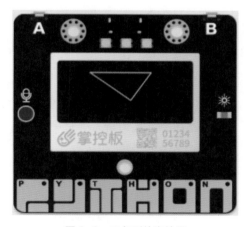

图 2-6　三角形仿真结果

我的也画出来了，还是对称的（见图 2-7）！

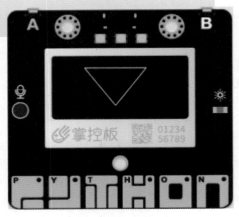

图 2-7　等腰三角形仿真结果

大家真是太厉害了，已经掌握了三角形的绘制方法。生活中遇到的很多物品是由基本形状组合而成的，接下来我们一起学习组合图形的画法。

进阶任务：画糖葫芦

想一想

我最喜欢吃糖葫芦了，但糖葫芦要怎么画呢？

这还不简单，先画 5 个圆，再加一条线不就是糖葫芦了吗？

小杜同学，你说的我们都懂，但是圆要怎么画呢？怎么确定圆的大小？如何让圆与圆挨着？圆和线的关系又是怎样的呢？我们请呆哥讲一讲吧。

知识拓展

在一个平面内，围绕一个点并以一定长度为距离旋转一周所形成的封闭曲线叫作圆，圆的大小与圆的半径有关，半径越大，圆越大，反之越小。

要想让圆与圆之间挨着，圆心之间的距离是半径的 2 倍就可以了。

绘制糖葫芦时，我们可以想象现实中的糖葫芦是什么样的。木签对应图形中的那一条直线，而每一颗山楂对应一个圆。想要做出好看的糖葫芦，就要让木签穿过每一颗山楂的中间。所以，在绘制糖葫芦时也要注意直线与圆、圆心的位置关系。

学一学

绘制糖葫芦，需要用到新的积木，请大家认真看看下面的表格（见表2-2），分析一下这些积木的功能，然后思考如何应用积木显示糖葫芦。

表2-2　积木和功能列表5

积木	功能
绘制 空心 圆 x 64 y 32 半径 15	在OLED显示屏上显示圆，可以选择空心和实心圆，圆的位置与（x，y）有关，圆的大小与半径有关
绘制 垂直 线 x 0 y 0 长度 20	在OLED显示屏上显示线段，可以选择垂直和水平两种状态，线的位置与（x，y）有关，线的长短与长度有关

试一试

尝试拖动 绘制 空心 圆 x 64 y 32 半径 15 和 绘制 实心 圆 x 64 y 32 半径 15 这两个积木，你们发现了什么不同？说说我们要怎么选择？

我会选择用实心圆选项的积木 绘制 实心 圆 x 64 y 32 半径 15 ，如果选择空心圆，那我们看到的是糖葫芦的轮廓。

绘制 垂直 线 x 0 y 0 长度 20 和 绘制 水平 线 x 0 y 0 长度 20 两个积木，又该如何选择呢？

这个肯定跟圆的排列有关，如果糖葫芦上的几个圆竖着排，就要选择垂直线；如果几个圆横着排，就要选择水平线。

是的，如果5个圆的x轴坐标不变，糖葫芦的位置与y值有关，然后选择垂直线画下来。垂直线的（x，y）值要与第一个圆的（x，y）值一致，但是长度要大于最后一个糖葫芦的y值。

那谁来完成本次任务的程序流程图（补充图2-8中的其他流程）？

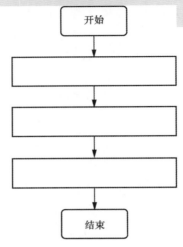

图 2-8　显示自制糖葫芦程序流程图

在老师的引导下，我设计了一个糖葫芦，完成了程序设计（见图 2-9）。

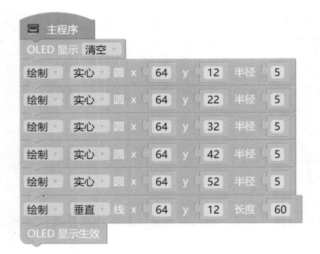

图 2-9　显示自制糖葫芦程序

秀一秀

我的糖葫芦也出炉了（见图 2-10）！

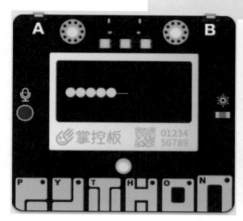 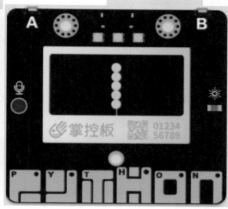

图 2-10 自制糖葫芦仿真结果

 小杜同学，你真厉害，绘制了两个方向的糖葫芦。

 绘制静态图形太简单了，我还想学习动态图形的绘制方法呢。

绘制静态图形的绘制方法，动态图形的绘制就会很简单了，可以尝试应用变量绘制动态图形。

拓展任务：动态的圆

想一想

 静态的圆很好绘制，动态的圆要怎么绘制呢？

 难道要绘制很多个圆，让它们不停地显示、消失、再显示、再消失吗？

 那样程序也太复杂了吧，刚才老师说了可以应用变量，应该有简单的方法吧！

 变量是什么？变量怎么表示？我们请呆哥讲一讲吧。

知识拓展

变量一般用字母表示，它就像一个抽屉一样，用来存储数据，它没有固定的值，可以不停改变。

"For…in…"是一种循环语句，我们把这种循环称为 for 循环，对照图形化编程和代码编程，我们可以看到代码为 `for i in range(1, 11)`。"range"表示范围，括号内的值表示（star,stop,step），也就是（起始值，结束值，步长），其中步长为 1 时可以省略，结束值 11 是取不到的。

学一学

小杜同学的这个问题提出得真好，为了满足你的要求，我们可以把圆的半径设置成一个变量，每隔一定时间，圆的半径变化一次，这样的圆就是一个动态的圆了。我们需要用到以下积木（见表 2-3）。

表 2-3　积木和功能列表 6

积木	功能
使用 i▼ 从范围 1 到 10 每隔 1	这里用到的积木，其实是 for 循环，左图积木能使变量 *i* 从 1 到 10 每隔 1 个单位进行一次变换，我们把"每隔"后的数字叫作步长
一直重复	一直重复执行框里的程序
等待 1 秒▼	一个动作执行完等待一会，后面的单位有秒、毫秒和微秒

试一试

老师，我知道了，把半径设置成一个变量，圆就能不停地变化了。

既然这样，我还是先来理一下思路吧。我们可以考虑先从显示静态的圆开始，借助 for 循环，每次圆的半径不一样，依次清空上一个圆并显示下一个圆就成动态的圆了。

明白了具体步骤之后，我们用程序流程图绘制了编程思路（见图 2-11），按照这一思路一步步完成动态圆的显示吧。

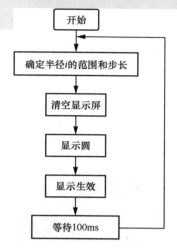

图 2-11 显示动态圆程序流程图

哇，按照你的思路，我写了个程序（见图 2-12），给你们秀一秀！

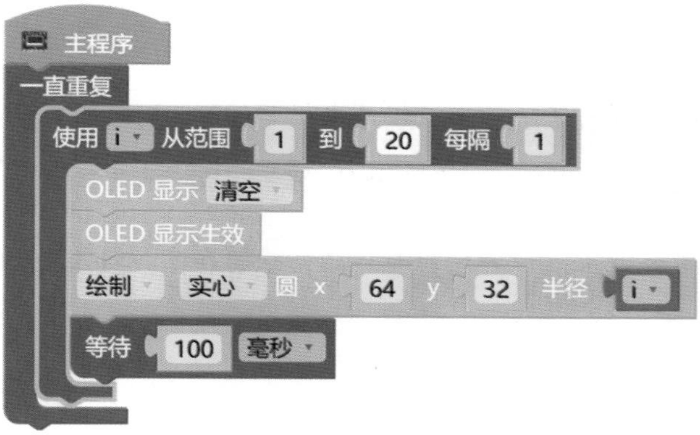

图 2-12 显示动态圆程序

杜帅太厉害了，就是这个意思，圆的半径从 1 到 20，每个半径的圆显示 100ms 后消失，我们还可以根据需要调节圆心和半径的大小。

秀一秀

嘿嘿，我也成功了，我的圆变到最大时可以占据整个显示屏，给你们瞧瞧我的程序和效果（见图 2-13）。

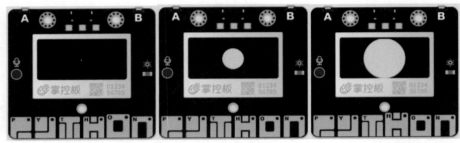

图 2-13　显示动态圆程序和效果

 菜菜，你太让我羡慕了！对掌控板的坐标掌握得太棒了，画的圆没有超过掌控板的范围，效果的确很好，给你一个大大的赞！

 菜菜，我一定会做出比你更精彩的作品，让圆在掌控板上随机出现肯定更有趣，下次课之前我会给你们带来惊喜的！😀

 在掌控板上绘制图形就是这么神奇，这些奇妙的图形让我们的生活更加有趣和美妙。

评一评

在完成任务的过程中，你有哪些收获呢？快来写一写吧！

① _____；

② _____；

③ _____。

这节课的 3 个任务你都完成了吗？请大家填写表 2-4 记录一下你遇到的困难和解决办法。

表 2-4　学习记录表

在完成任务的过程中，我遇到了一些困难	我的解决办法

再来评一评自己的学习效果吧！请大家用画笔涂一涂，看看自己能得多少颗星星，3 颗星表示优秀，2 颗星表示良好，1 颗星表示继续努力（见表 2-5）。

表 2-5　学习评价表

评价维度	评价内容	我的得星数
学习任务	我知道坐标含义，能快速设置合适的坐标	☆ ☆ ☆
	我能正确绘制图形，如三角形、糖葫芦和动态圆	☆ ☆ ☆
	我会使用变量	☆ ☆ ☆
学习表现	小组合作遇到问题时我积极动脑思考	☆ ☆ ☆
	我能主动倾听和帮助组员	☆ ☆ ☆
	在活动过程中我有一些新的想法	☆ ☆ ☆

读一读

图片和视频的关系

图片是指由图形、图像等构成的平面媒体。图片的格式很多，但总体上可以分为点阵图和矢量图两大类，我们常用的 .bmp、.jpg 等格式的图形都是点阵图，而 .swf、.cdr、.ai 等格式的图形属于矢量图形。

视频泛指将一系列静态影像以电信号的方式加以捕捉、记录、处理、储存、传送与重现的各种技术。视频是连续的图像，包含多幅图像，并包含图像的运动信息。连续的图像变化速度为每秒超过 24 帧（frame）画面时，根据视觉暂留现象（视觉暂留现象即视觉暂停现象，又被称为"余晖效应"。如图 2-14 所示，人眼在观察景物时，光信号传入大脑神经需经过一段短暂的时间，光的作用结束后，视觉形象并不立即消失，这种残留的视觉被称为"后像"，视觉的这一现象则被称为"视觉暂留"），人眼无法辨别单幅的静态画面，视觉效果是平滑连续的，这样连续的画面叫作视频。

图 2-14　视觉暂留效果图

项目3　美术课——《表情包大放送》

　　我们的成长充满了酸甜苦辣，有不一样的心情，我们就会流露出不同的表情。请大家看看图 3-1 中的几幅图片，你能描述一下小朋友是什么表情吗？

图 3-1　表情图

 你们瞧，第 1 个小朋友笑得合不拢嘴，眼睛也笑眯成了一条线，肯定是非常高兴！

 第 2 个小朋友眉毛往上冲，嘴巴往下撇，他可能非常生气。

 第 3 位小朋友可能是遇到了什么伤心的事情，眼泪都流出来了。

 第 4 个小朋友和我一样，是微笑的代言人。

你们观察得很仔细，这几位小朋友脸上表现出了喜、怒、哀、乐这 4 种表情，大家想知道如何利用掌控板显示表情吗？

基础任务：表情大放送

想一想

用掌控板显示不同的表情？这听起来很有趣！和显示文字的方法是一样的吗？

显示的文字可以由我们手动输入，那显示的表情图片从哪里来呢？

掌控板可以显示内置图片，也能显示上传的图片，建议大家先从内置图片的显示着手，我们可以通过相关积木直接调用。

学一学

显示内置表情，关键是要确定显示的位置，选择需要的表情，我们需要用到以下积木（见表3-1）。

表3-1　积木和功能列表7

积木	功能
在坐标 x 0 y 0 显示图像	在 OLED 显示屏上显示图片，通过设置 x 坐标和 y 坐标的值，可以设置图片左上角的横坐标和纵坐标
内置图像 ♥ 心形 64*64 模式 普通	提供多种内置图片，大家也可以单击下拉菜单后选择需要的表情

试一试

了解了各个积木的功能之后，谁来分析一下显示表情的基本步骤，方便我们后续的编程呢？

很简单嘛！第1步，程序开始，清空掌控板的 OLED 显示屏；第2步，设置表情在 OLED 显示屏的显示位置；第3步，找到显示图形的积木，选择我们需要的表情；第4步，让显示生效。

顺便给大家画个程序流程图（见图 3-2），有事请找我，我叫"雷锋"。

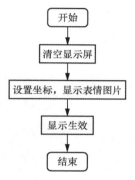

图 3-2　显示表情程序流程图

 我来把需要的积木拼接起来，先给大家展示一个笑脸（见图 3-3）。

图 3-3　显示笑脸程序

 菜菜，你的"普通"模式也太"菜"了吧，看我来"反转"一下（见图 3-4）。

图 3-4　模式设置

秀一秀

 杜帅，我看你的"反转"也没什么特别之处，和我的仿真结果没两样啊（见图3-5），不都是这样吗？

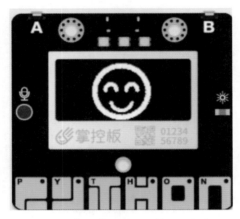

图 3-5 "普通"模式下的笑脸仿真结果

你仔细看，我的笑脸跟你的不一样，它是黑色的（见图3-6），这就是"反转"的魅力。

图 3-6 "反转"模式下的笑脸仿真结果

 你们太棒了！老师奖励你们一个大大的"赞"（见图3-7）。

图 3-7 显示"点赞"图片

 老师，您是怎么找到这个表情的呢？我仔细找了好几遍都没有找到。

 因为这个表情不是内置图片，我们需要上网查找或者自己动手画一个，然后把它上传到掌控板进行显示。

进阶任务：我图我秀

想一想

 这个点赞表情太棒了！我也想显示自己画的表情，怎么做到呢？

这还不简单，同样是显示图片，我们把程序中的内置图片换成上传的图片不就行了吗？

小杜同学，你又想简单了吧，要想显示上传的图片，我们还能用同样的积木吗？需不需要修改？还有图片种类繁多，掌控板只能显示黑白图片，肯定对图片有些要求，请呆哥给我们来科普一下。

知识拓展

 图片格式是计算机存储图片的格式，常见的存储的格式有 .bmp、.jpg、.png、

.gif、.pcx、.tga、.exif、.fpx、.svg、.psd、.cdr、.pcd、.dxf、.ufo、.eps、.ai、.raw、.wmf、.webp、.avif、.apng 等。

掌控板 OLED 显示屏的大小是 128 像素 ×64 像素，所以内置的图片大小要在 128 像素 ×64 像素以内，以内置的表情图片为例，它们都是 64 像素 ×64 像素。

掌控板可以显示 .bmp 格式或 .pbm 格式的黑白图片，板内内置图片为 .pbm 格式，.pbm 格式占用内存更少，可以使掌控板存储更多的图片。

学一学

如果你们也想给我"点个赞"，那就需要用到一个新的积木，请大家认真看看下面的表格（见表 3-2），想一想我们如何利用这个积木显示自制表情。

表 3-2　积木和功能列表 8

积木	功能
自定义图像 " face/1.pbm " 模式 普通	支持 .pbm 或 .bmp 格式的单色文件，获取指定路径的图片文件数据

"自定义图片"指的是自己上传到掌控板的图片，"face/1.pbm"是需要显示的图片的路径、名称和格式，我们可以将图片命名后，上传到掌控板，在这个积木中输入名称进行调用。

试一试

知道了 自定义图像 " face/1.pbm " 模式 普通 这一积木的功能，了解了掌控板对图片的要求后，谁能说说，显示自制表情的步骤是怎样的？

这就很简单了！第一步，将自制的表情图片命名后调整到 128 像素 ×64 像素内，并转换成 .pbm 格式，上传到掌控板；第二步，编写程序，通过图片的名称来调用图片。

我们再来研究一下怎么将自制的表情转换成 .pbm 格式，以及如何将它上传到掌控板上。

知识拓展

1. 如何转换表情格式？

我们可以自己在纸上或画图软件中画好表情（也可以在网络上查找没有版权的图片），用画图软件将图片的大小调到 128 像素 ×64 像素以内，然后用在线处理工具将 .jpg 格式的表情图片转换成单色的 .pbm 格式，将名称改为英文字符"biaoyang.pbm"，表情转换步骤如图 3-8 所示。

图 3-8 表情转换步骤

2. 如何导入表情图片？

我们需要打开 mPython 软件，单击左上角的"文件"按钮，选择"掌控板文件"，将表情包图片"biaoyang.pbm"导入掌控板中，操作步骤如图 3-9 所示。

图 3-9 导入外部图片步骤

 呆哥一科普，我就恍然大悟了。显示自制图片和显示内置表情的步骤几乎一样，我们在编程的时候，可以将 ▌♥▌ 积木替换成 ▌自定义图像 "face/1.pbm" 模式 普通▌ 积木。

 是的，程序编写完了，可千万别忘了在积木中输入表情的名称喔！

 我们先画个程序流程图，理一下编程思路。谁来试试将这次任务的程序流程图补充完整（见图 3-10）？

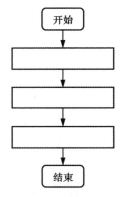

图 3-10 显示自制图片程序流程图

 看我借老师的"点赞"图片，命名为"biaoyang.pbm"，再完成程序设计（见图 3-11）。

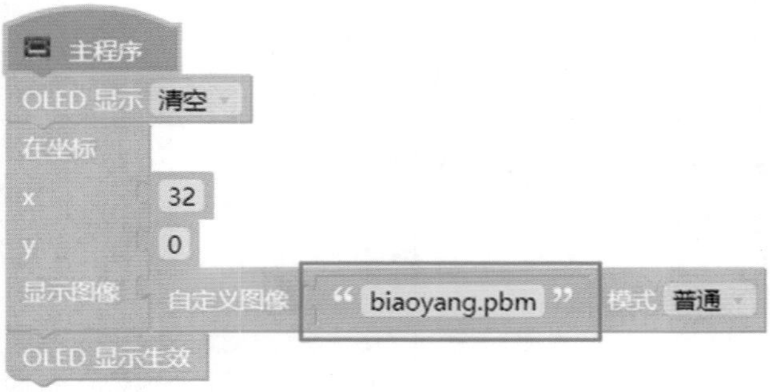

图 3-11 显示自制图片"biaoyang.pbm"程序

秀一秀

 哈哈哈哈……，看我自信爽朗的笑容，我得意的笑（见图 3-12）……

图 3-12 自制表情程序和效果

小杜同学，你还真是个"表演艺术家"（见图 3-13），不把你的表情做成表情包，就太对不起观众了。

图 3-13 杜帅的不同表情

 什么？我？表情包？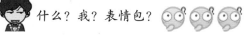

 不得不说，用你那浮夸的表情做成表情包一定很好玩。

 有了小杜同学的表情，我们就能将表情连续显示，呈现出动态效果。

拓展任务：表情包大放送

想一想

哇！那不是有很多个表情一闪而过，像动态表情包一样！小杜同学，就这么说定了，把你的表情贡献出来吧。

可是，到底要怎么做呢？

一张接一张显示不就行了吗？哦，对了，要注意每张图片的间隔时间，时间短一点，动态效果更好哦！

一张一张地显示？用这么愚蠢的方式，怎么对得起我的表演天赋？

那用循环或者是……

学一学

小杜同学，为了满足你的要求，我们可以用 for 循环依次显示图片，给表情命名时，最好用相同的名字加上不同的编号，这样就方便用字符串组合的形式进行显示了。需要用到以下积木（见表 3-3）。

表 3-3　积木和功能列表 9

积木	功能
" abc "　追加文本　" def "	将前后引号内的两处内容进行连接，即 abcdef

试一试

老师，我已经将小杜同学的 6 个表情依次命名为 p1、p2、…、p6，格式为 .pbm，并上传到掌控板文件了。

我们可以考虑先从显示动态的内置表情开始，借助 for 循环，依次显示图片，然后……

等等，我还没搞清楚内置表情在哪里哦……

 打开掌控板文件，内置的表情都在"face"文件夹下面，用数字 3、4、5、…、12 来命名（见图 3-14），我们可以借助 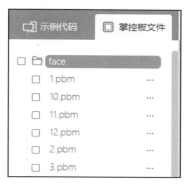 积木来获取表情的路径和名称，完成动态表情包的显示。

图 3-14 内置表情的位置

 我们用程序流程图绘制了编程思路（图 3-15），大家按照这一思路一步步完成表情包的显示吧！

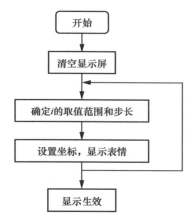

图 3-15 内置表情的动态显示程序流程图

 My hero，按照你的思路，我写了个程序（见图 3-16），是这样吗？

图 3-16　内置表情的动态显示程序

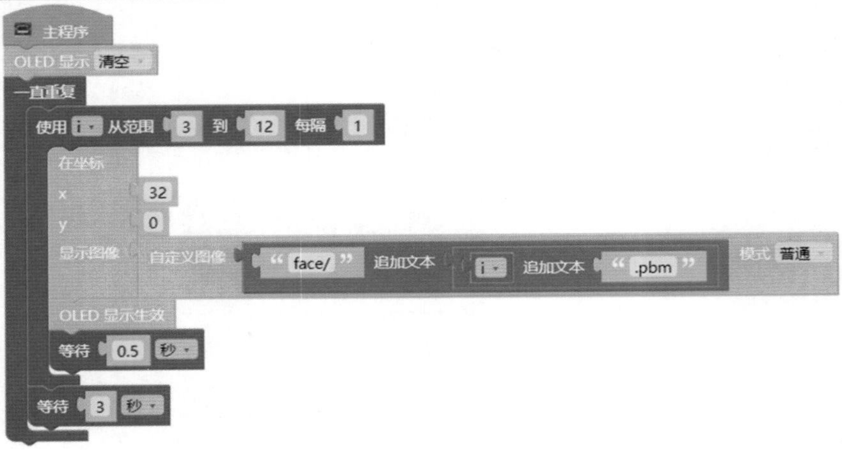

松松完成得很不错喔，每组表情显示完成后停了 3s，你可以根据自己的想法调整时间。

秀一秀

哈哈，给你们点赞，松松和我的编程也是很厉害的！来看看我的程序和效果（见图 3-17、图 3-18）。

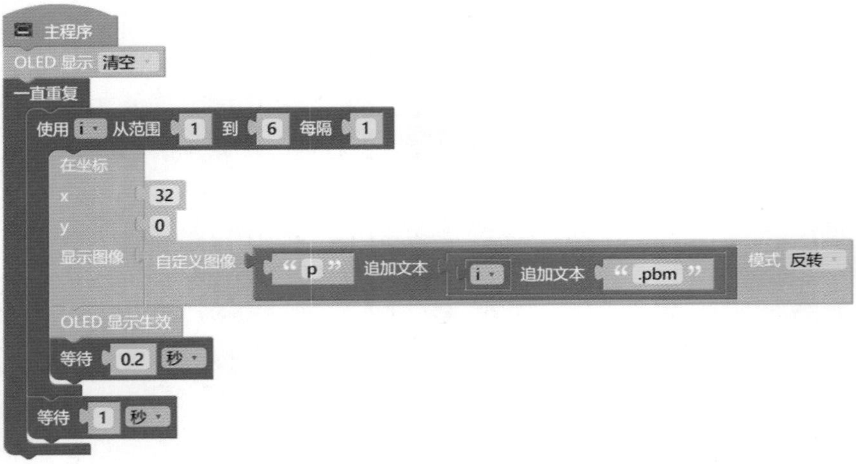

图 3-17　自定义表情的显示程序

图 3-18　小杜同学的表情包大放送

果然实践是检验真理的唯一标准，菜菜利用"反转"模式来显示，效果更好了，给你点赞！👍👍👍

在学习的过程中，也有酸甜苦辣和喜怒哀乐，即便遇到困难，我们也会在解决问题的过程中发现快乐。接下来大家一起分享一下你们的"喜怒哀乐"。

评一评

 在完成任务的过程中，你有哪些收获呢？快来写一写吧！

① _____；

② _____；

③ _____。

这节课的 3 个任务你都完成了吗？请大家填写表 3-4 记录一下你遇到的困难和解决办法。

表 3-4　学习记录表

在完成任务的过程中，我遇到了一些困难	我的解决办法

再来评一评自己的学习效果吧！请大家用画笔涂一涂，看看自己能得多少颗星星，3 颗星表示优秀，2 颗星表示良好，1 颗星表示继续努力（见表3-5）。

表 3-5　学习评价表

评价维度	评价内容	我的得星数
学习任务	我能正确显示内置图片，比如各种表情包	☆ ☆ ☆
	我能正确显示绘制的表情包	☆ ☆ ☆
	我能正确显示动态表情包	☆ ☆ ☆
学习表现	小组合作遇到问题时我积极动脑思考	☆ ☆ ☆
	我能主动倾听和帮助组员	☆ ☆ ☆
	在活动过程中我有一些新的想法	☆ ☆ ☆

读一读

OLED 显示屏（见图 3-19），即有机发光二极管显示屏，在手机 LCD 上属于新崛起的种类，被誉为"梦幻显示器"。OLED 不仅轻薄、能耗低、亮度高、发光率好、可以显示纯黑色，并且还可以做到弯曲，如当今的曲屏电视机和手机等。当今国际各大厂商争先恐后地加强了对 OLED 技术的研发投入，使 OLED 技术在当今电视机、计算机（显示器）、手机、平板电脑等领域的应用愈加广泛。掌控板自带可以显示数字、字母、文字、图片的 OLED 显示屏，大小为 128 像素×64 像素。

图 3-19　OLED 显示屏（来源：百度百科）

项目4 阅读课——《环保小卫士》

阅读需要一个安静祥和的环境，但在阅读课上、在图书馆里，我们经常能听到同学们窃窃私语甚至大声喧哗，发出不文明的噪声，影响周围的老师和同学（见图4-1）。

图4-1 学生在图书馆讲话

噪声确实讨厌！如果能在声音的大小达到一定程度时提醒这些发出噪声的同学就好了。

声音的大小可以测量吗？如果能直观地看到声音大小的变化就好了。

生活中我们确实会经常受到噪声的影响，想知道声音大小的变化，掌控板就能帮我们解决这个问题，大家想知道如何利用掌控板监测并显示声音的大小吗？

基础任务：噪声监控器

想一想

掌控板能显示不同的文字和图像，居然还会"听"？真是太有趣了！那如何利用

掌控板监测声音大小呢？监测到的结果怎么显示出来呢？

掌控板上有声音传感器，我们可以通过调用相关积木使用它，然后再用柱状条的形式显示结果，这样声音的大小和变化就能一目了然了。

老师，柱状条进度显示的范围是 0 ~ 100，掌控板的声音传感器模拟值的取值范围是 0 ~ 4095，两个大小并不一致（见图 4-2），我们怎样将显示的进度条长度和声音值一一对应呢？

（a）柱状条进度显示范围

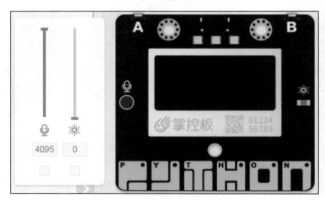

（b）声音传感器模拟值取值范围

图 4-2　范围设置

我们只需要应用"数学"类模块中的"映射"，就可以把声音值从 0 ~ 4095 映射到 0 ~ 100 了。同时，在"显示"类模块中，可以找到显示文本的一系列积木，通过"输入"类模块中的"声音值"和"文本"类模块中的"转为文本"，掌控板可以显示声音强度的具体数值。

学一学

利用柱状条显示声音值大小，关键是声音值的映射和柱状条的显示，对应地，我们需要用到以下积木（见表 4-1）。

表4-1 积木和功能列表10

积木	功能
输入 显示 音乐 RGB灯 Wi-Fi 广播 循环 逻辑 数学 文本 变量 高级 扩展 代码库 创建变量...	创建变量
映射 声音值 从 0 , 4095 到 0 , 100	柱状条进度显示的范围是0～100，掌控板的声音传感器模拟值的取值范围是0～4095，需要把声音值从0～4095映射到0～100
柱状条 水平 x 64 y 20 宽 6 高 30 进度 20	在对应坐标位置显示一定宽度、高度的柱状条

试一试

了解了各个积木的功能之后，谁来分析一下显示声音值的基本步骤，方便我们后续的编程呢？

很简单嘛，第1步，程序开始，清空掌控板的OLED显示屏；第2步，在合适的位置显示"声音强度"的字样；第3步，设置柱状条的位置和大小并显示声音值；第4步，让显示生效。下面是我画的程序流程图（见图4-3），大家可以参考一下。

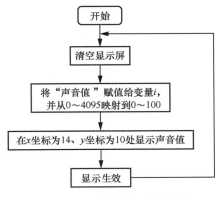

图4-3 显示声音值程序流程图

 感觉并不难，我先来试一试编程（见图 4-4）。

图 4-4 监测声音值并显示

菜菜，除了有水平柱状条，还有垂直显示的柱状条哦。但是 OLED 显示屏 y 轴的最大坐标是 63，所以我设置的柱状条高度是 60，这样上下各留些白，图像更好看（见图 4-5）。

图 4-5 垂直柱状条设置

秀一秀

 杜帅，我还是觉得水平柱状条看起来更清晰（见图 4-6）。

 多一种方法多一种选择嘛（见图 4-7）！

 你们真棒，老师给你们鼓鼓掌！

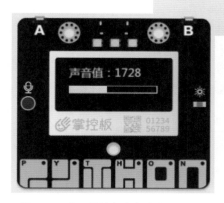

图4-6 水平柱状条声音值仿真结果

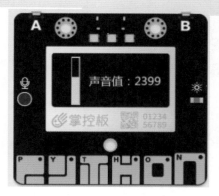

图4-7 垂直柱状条声音值仿真结果

老师,我还发现一个问题:阅读时,我们需要充足的光线,否则眼睛可能会受到伤害。掌控板除了能帮我们监测声音大小,能不能监测光线的强弱呢?

当然可以,你的观察很细致。掌控板上有光线传感器,利用它我们就能监测实时光照强度了。在许多农业生产活动中,农业科技人员就运用了光线传感器来测量光照强度,从而确定灌溉时间和灌溉水量。

任务二:光照强度测量

 想一想

 光照强度的取值范围是怎样的呢?

和声音值一样,光线值的范围也是 0 ～ 4095,所以也需要映射。

 我觉得监测声音大小和光照强度都很有必要,能不能同时进行呢?

当然可以,我们可以用按键切换显示声音值和光线值。掌控板上部边沿有A、B两个按键,按键的状态可以用来控制程序运行。比如我们可以在按下A键时测量声音值,按下B键时测量光线值。

学一学

要利用 A、B 键切换显示声音值和光线值，那就需要用到新的积木，请大家认真看看下面的表格，分析一下这些积木的功能（见表4-2），然后思考我们如何应用积木显示光线的强弱。

表 4-2　积木和功能列表 11

积木	功能
当按键 A 被 按下 时	当按键 A 被按下时，执行后续程序
重复直到 按键 A 已经按下	当按键 A 已经被按下时，停止循环

试一试

要想用 A、B 键切换声音值和光线值的测量，我们就需要判断哪个按键被按下，然后以柱状条的形式显示对应的声音值或者光线值。

监测光线值的方法和刚才监测声音值的方法是类似的，只是需要多加一步：判断哪个按键被按下。

那谁来完成本次任务的程序流程图（见图4-8）？

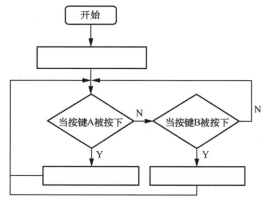

图 4-8　显示声音值和光线值程序流程图

我已经完成了程序设计（见图4-9），你们看看有什么建议？

当按键 A 被 按下 时
重复直到 按键 B 已经按下
OLED 显示 清空
将变量 i 设定为 映射 声音值 从 0 , 4095 到 0 , 100
显示文本 x 14 y 10 内容 "声音值:" 追加文本 声音值 模式 普通 不换行
柱状条 水平 x 14 y 32 宽 100 高 10 进度 i
OLED 显示生效

主程序
OLED 显示 清空
显示文本 x 34 y 24 内容 "阅读课" 模式 普通 不换行
OLED 显示生效

当按键 B 被 按下 时
重复直到 按键 A 已经按下
OLED 显示 清空
将变量 i 设定为 映射 光线值 从 0 , 4095 到 0 , 100
显示文本 x 0 y 10 内容 "光线值:" 模式 普通 不换行
显示文本 x 0 y 26 内容 转为文本 光线值 模式 普通 不换行
柱状条 垂直 x 80 y 8 宽 10 高 50 进度 i
OLED 显示生效

图 4-9 同时监测声音大小和光线强弱的程序

秀一秀

快来看我的程序的运行结果（见图 4-10）。

图 4-10 监测声音大小和光线强弱运行效果

小杜同学，你的执行力可真强！既然掌控板可以同时监测声音和光照强度，我们能不能利用它来制作一个智能小夜灯呢？

当检测到光线较弱且有一定声音时，灯自动打开，是这种小夜灯吗？

对，有了智能小夜灯，晚上保安巡查校园时就不用一遍遍开灯关灯了，他走到哪里，哪里的灯就会自动亮起来；等他离开，灯又自动关闭，节约电力。

<h2 style="text-align:center">拓展任务：智能小夜灯</h2>

灯亮的条件是光线暗并且有一定的声音强度，那我们就要同时监测声音值和光线值，并且要对它们的强度大小做出判断，感觉有点难啊！

怎么判断光线暗还是亮呢？声音强度要达到多少才亮灯呢？

我们可以设定一个标准，例如，当声音值不低于 200 并且光线值不超过 200 时，我们就设置所有灯打开并持续一段时间，否则就关闭所有灯。

那就需要用到"逻辑"类模块中的"如果……否则……"来进行判断了。

为了完成这项任务，我们要学习"如果……否则……"的逻辑判断指令，还要借助掌控板上的 RGB LED 灯。掌控板有 3 颗 RGB LED 灯，可以单独控制且显示任意的颜色。R、G、B 分别代表红、绿、蓝 3 种颜色，它们的取值范围都是 0 ~ 255（见表 4-3）。

表 4-3　积木和功能列表 12

积木	功能
如果 / 否则	逻辑判断，如果满足对应的条件，则执行相应命令，否则执行另一组命令
设置 所有 RGB 灯颜色为 R 255 G 0 B 0	设置 RGB LED 灯的颜色，R、G、B 这 3 种颜色的取值范围都是 0 ~ 255
关闭 所有 RGB 灯	关闭所有 RGB LED 灯

知识拓展

RGB 色彩模式是一种颜色标准，是通过改变红（R）、绿（G）、蓝（B）3 种颜色的变化和它们相互之间的叠加来得到各式各样的颜色的，R、G、B 分别代表红、绿、蓝 3 种颜色，这个标准几乎包括了人类视力所能感知的所有颜色，是运用最广的颜色系统之一。

试一试

我们用程序流程图绘制了编程思路（见图 4-11），大家按照这一思路一步步完成智能小夜灯吧！

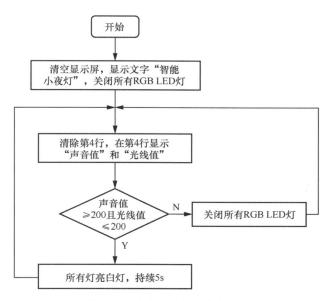

图 4-11　智能小夜灯程序流程图

按照你的思路，我写了个程序（见图 4-12），是这样吗？

松松完成得很不错喔，每次亮灯以后停留 5s，你可以根据自己的想法调整时间。

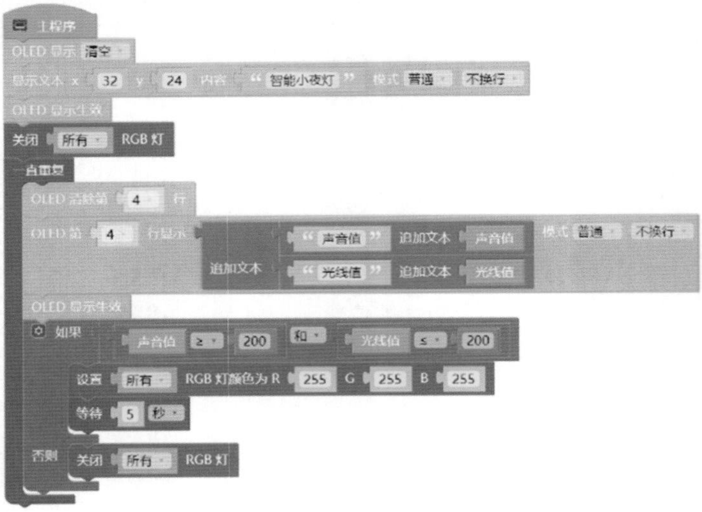

图 4-12　智能小夜灯（白色）显示程序

秀一秀

哈哈，松松的小夜灯是白色的，来看看我的黄色小夜灯（见图 4-13、图 4-14）。

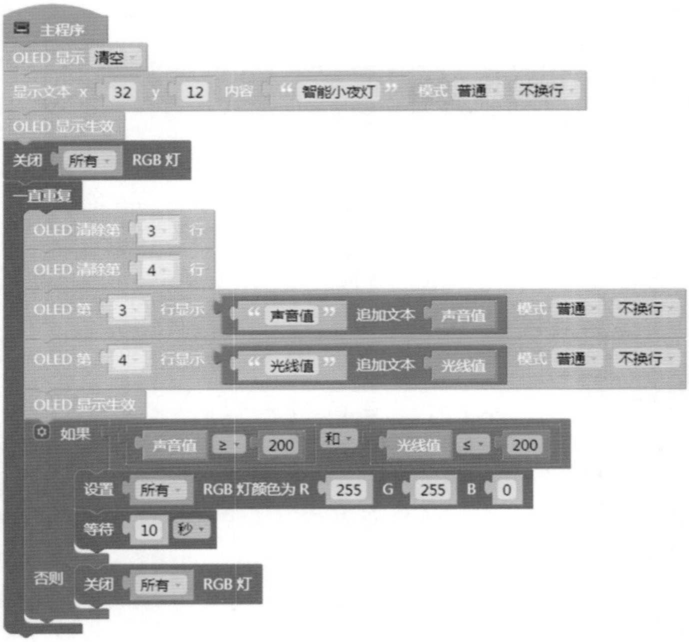

图 4-13　智能小夜灯（黄色）显示程序

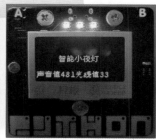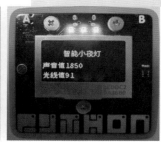

图 4-14　智能小夜灯运行效果

 你们制作的小夜灯效果都很棒！

 为了让我们的学习环境更好，大家在这节课上想了很多办法，表现都很棒！遇到问题，只要我们认真分析，专注思考，就一定能找到解决它的办法。

评一评

 在完成任务的过程中，你有哪些收获呢？快来写一写吧！

① ＿＿＿＿＿＿＿＿＿＿＿＿＿＿＿＿＿＿＿＿＿＿＿＿＿＿＿＿＿＿ ；

② ＿＿＿＿＿＿＿＿＿＿＿＿＿＿＿＿＿＿＿＿＿＿＿＿＿＿＿＿＿＿ ；

③ ＿＿＿＿＿＿＿＿＿＿＿＿＿＿＿＿＿＿＿＿＿＿＿＿＿＿＿＿＿＿ 。

这节课的 3 个任务你都完成了吗？请大家填写表4-4记录一下你遇到的困难和解决办法。

表 4-4　学习记录表

在完成任务的过程中，我遇到了一些困难	我的解决办法

再来评一评自己的学习效果吧！请大家用画笔涂一涂，看看自己能得多少颗星星，3 颗星表示优秀，2 颗星表示良好，1 颗星表示继续努力（见表 4-5）。

表 4-5　学习评价表

评价维度	评价内容	我的得星数
学习任务	我能以柱状条的形式正确显示声音值和光线值	☆ ☆ ☆
	我能利用 A、B 键切换显示声音值和光线值	☆ ☆ ☆
	我能完成智能小夜灯的制作	☆ ☆ ☆
学习表现	小组合作遇到问题时我积极动脑思考	☆ ☆ ☆
	我能主动倾听和帮助组员	☆ ☆ ☆
	在活动过程中我有一些新的想法	☆ ☆ ☆

读一读

智能家居

智能家居（见图 4-15）是以住宅为平台，利用综合布线技术、网络通信技术、安全防范技术、自动控制技术、音 / 视频技术将家居生活有关的设施集成，构建高效的住宅设施与家庭日程事务的管理系统，提升家居安全性、便利性、舒适性、艺术性，并实现环保节能的居住环境。例如，出门在外，智能家居可以自动控制空调、电灯、电视等家用电器的关闭；回到家中，智能家居会根据人的日常生活习惯设置合适的空调温度、灯光亮度等。

图 4-15　智能家居

项目5 音乐课 ——《掌上演奏的音符》

儿童节即将来临，同学们都跃跃欲试，积极准备着表演的节目。看了眼报名表，大家发现节目主要是舞蹈、歌曲类。怎样来场与众不同的演奏，让自己的节目脱颖而出呢（见图5-1）？

图5-1 音乐会

 我也喜欢音乐，要是我能用自己制作的乐器上台表演，肯定够炫酷！

 想想就行，制作乐器有这么容易的吗！

 我们手上的掌控板好像有播放音乐的功能，也许我们能借助工具来制作一台"掌上乐器"？

 有道理，掌控板的功能这么多，演奏音乐肯定难不倒它！我们去找老师帮忙，请他给我们出出主意！

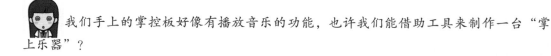

你们说的没错,掌控板上的蜂鸣器为它播放音乐提供了条件。我相信通过大家的合作,一定能实现制作掌上乐器的想法!

基础任务:播放音乐

 想一想

用掌控板演奏音乐?这主意听起来不错!

我觉得演奏太难了。要是你能让掌控板播放音乐,我就对你竖起大拇指!

啧啧,我肯定能成功的!你等着看吧。

菜菜有志气!其实,掌控板有许多内置的旋律,例如《茉莉花》《东方红》等;除了播放内置旋律,我们还可以通过设置音调播放各种歌曲。让我们从学习掌控板播放音乐开始今天的探究之旅。

 学一学

在播放内置旋律或者自己创作的旋律时,我们需要用到以下积木(见表5-1)。

表 5-1 积木和功能列表 13

积木	功能
播放音调 音调 B4 延时 500 毫秒 引脚 默认	播放音调并设置播放时长。可以单击音调右侧的向下箭头选择需要的音调;设置延时时间确定播放音调时长
播放音乐 BIRTHDAY 直到完成,引脚 默认	播放指定音乐,直到完成。提供多种内置音乐,可以单击播放音乐右侧的向下箭头进行音乐更换
停止播放音乐 引脚 默认	停止播放音乐

 试一试

了解了各个积木的功能之后,谁来分析一下按照音阶顺序播放 Do、Re、Mi、Fa、Sol、La、Si 这 7 个音符的基本步骤,方便我们后续的编程呢?

我知道我知道,让我来说!第1步,找到播放音调的积木,复制得到7条一样的积木;第2步,按照Do、Re、Mi、Fa、Sol、La、Si的顺序,修改每一条积木中的音调;第3步,添加停止播放音乐模块。

不错嘛菜菜,这次反应很快呀!我还提出一点建议,我觉得可以给它设置一个播放条件,比如:按键A被按下时才播放,不然掌控板突然发出声音多吓人呀。

结合我们两个人的想法,我画出了程序流程图(见图5-2)。

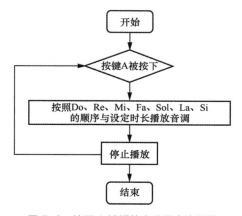

图5-2　按下A键播放音乐程序流程图

哇呜,我就觉得缺点什么,补充按键功能之后效果更好了!既然我们有A、B两个按键,那么按下B按键就让掌控板播放一段内置音乐《BIRTHDAY》吧,看我完整的程序设计(见图5-3)。

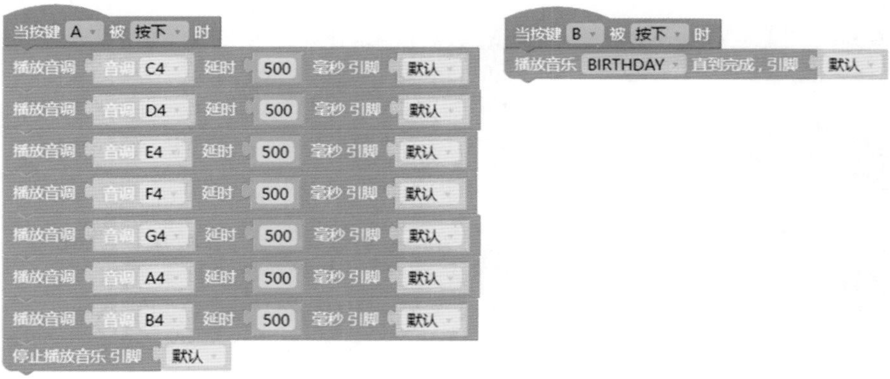

图5-3　按下A、B按键播放音乐程序

可是 Do、Re、Mi、Fa、Sol、La、Si 和 1、2、3、4、5、6、7 在模块里找不着呀？音调里面都是字母，它们有什么关系呢？

嘿嘿，这个就有请呆哥出场为我们介绍一下吧。

知识拓展

想要理清它们的关系，我们需要了解音名和唱名。

对于音乐不同音高的乐音，使用 7 个英文字母 C、D、E、F、G、A、B（或其小写）来标记音名，它们一般依次唱成 Do、Re、Mi、Fa、Sol、La、Si，即唱成简谱的 1、2、3、4、5、6、7。

Do、Re、Mi、Fa、Sol、La、Si 是唱曲时乐音的发音，所以叫唱名。

对照表 5-2，我们会看到对应的音名和唱名。

表 5-2　音名和唱名

简谱	1	2	3	4	5	6	7
唱名	Do	Re	Mi	Fa	Sol	La	Si
音名	C	D	E	F	G	A	B

你们讨论得热火朝天，别落下我！要我说，不能光顾着播放音乐，掌控板的显示屏上光秃秃的，我来补充一段文字，音乐人的气质不能丢（见图 5-4）！

图 5-4　显示屏设置程序

让我把需要的积木拼在一起,测试一下效果(见图5-5)。

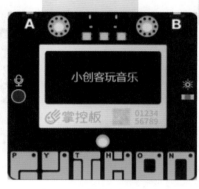

图5-5 掌控板显示结果

这下好了,掌控板上既用文字彰显我们的态度,按下A键和B键还能听到不同的音乐。

看着你们积极参与讨论,为了制作掌上乐器而认真思考的样子,我真高兴!

进阶任务:弹奏音乐

想一想

现在我们能够设置音调播放一小段音乐了!我想现场演奏,来段 freestyle 还是有困难呀。

想要演奏音乐需要用按键控制不同音符的播放,我们只有A、B两个按键,最多只能弹奏两种音符,这怎么能弹出好听的音乐呢?

掌控板上可不止有A、B两个按键,看到显示屏下方的"P""Y""T""H""O""N"了吗?咳咳,关于它们的身份,就请呆哥来科普一下。

知识拓展

 触摸传感器:

掌控板上带有6个触摸传感器(见图5-6),从左到右依次是touchPad_P、touchPad_Y、touchPad_T、touchPad_H、touchPad_O、touchPad_N,用字母P、Y、T、H、O、N表示。6个触摸按键的金色区域为可触发区域,起到开关作用,我们可以通过触摸它们下发命令。

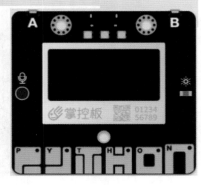

图 5-6 掌控板上的触摸传感器

学一学

按键的问题解决了，如果你们想要制作演奏的乐器，还需要用到一个新的积木，请大家认真看看下面的表格（见表 5-3），想一想我们如何利用这个积木完成弹奏的功能。

表 5-3 积木和功能列表 14

积木	功能
播放音符 音符 C4 节拍 1 引脚 默认	设置节拍，播放指定音符
触摸键 P 已经按下	选择触摸按键和被检测的状态。通常作为程序执行过程中的判断条件

那么，每次触摸不同的按键时，掌控板是怎么做出判断，播放对应音符的呢？

试一试

贾同学提出的问题很有意义。我们要将 触摸键 P 已经按下 和 播放音符 音符 C4 节拍 1 引脚 默认 这两个积木结合在一起使用，那么谁能说说，使用多个触摸键弹奏不同音符具体该怎么做？

我猜还要用到指令 如果 否则 做判断。比如：如果按键 P 被触摸，就播放音符 Do；按键 Y 被触摸，就播放音符 Re；按键 T 被触摸，就播放音符 Mi……

我们还需要明白：音高不同，音乐节拍不同，同样的音乐会演奏出不同的效果，演奏前设定音符参数很关键。请呆哥为我们科普一下乐理知识吧。

知识拓展

（1）在 mPython 编程环境下，音符有自己的对应关系。例如：C4、D4、E4、F4、G4、A4、B4 这 7 个音符，它们分别对应着中音阶的 Do（1）、Re（2）、Mi（3）、Fa（4）、Sol（5）、La（6）、Si（7）。

（2）"播放音符"指令后对应的节拍表示发音持续时间，可以理解为 1 拍 =1s。

例如：设置指令音符为"C4/ 节拍 1"，蜂鸣器将以中音阶的 Do（1）音调持续响 1s。

呆哥科普不能少！这下好了，解决了按键控制音符的问题，我就能演奏喜欢的音乐了！

别开心得太早，音符有 7 个而按键只有 6 个，怎么解决？

这题我会，再加一个按键 A ！让我们先画个程序流程图，理一下编程思路。谁来试试将这次任务的程序流程图补充完整（见图 5-7）？

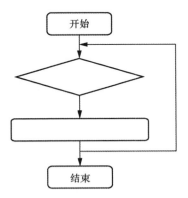

图 5-7　触摸按键播放音符程序流程图

今天我就是效率王！我计划利用按键播放中音阶音符，看我设计的音乐演奏程序（见图 5-8），这次显示文字和播放音符两不耽误。

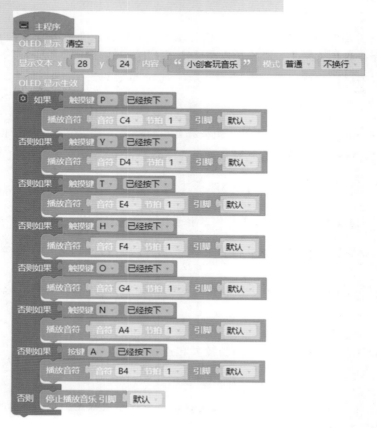

图 5-8 音乐演奏程序

秀一秀

不对呀，怎么按键不能演奏音符？不会是蜂鸣器坏了吧！

不应该呀，难道是哪个步骤出错了？

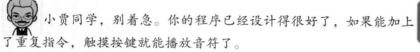
小贾同学，别着急。你的程序已经设计得很好了，如果能加上  积木，有了重复指令，触摸按键就能播放音符了。

这次让我来试一试。请欣赏我修改后的程序（见图 5-9）。

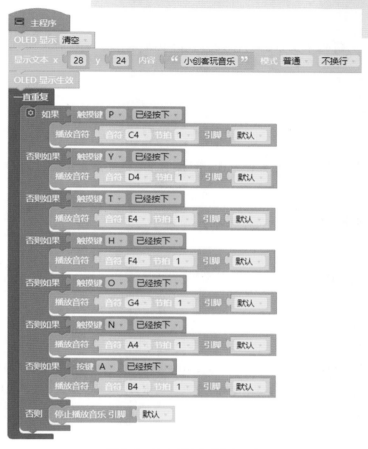

图5-9 修改后的音乐演奏程序

 真神奇！看来我不能大意，缺少一个积木差点难倒我！

 谁说不是呢。有了小杜同学修改的程序，我们就能用按键来演奏音乐了。快去试一试吧！

拓展任务：演奏小星星

想一想

 哈哈哈，这次的表演很成功，我们小组真是人才多！

 通过这次制作掌上乐器的活动，我的收获不小，菜菜的表演也让我有了新的想法。

 别卖关子了，赶紧说说你的新创意。

 我觉得我们的掌控板也能像手机一样按下开关键就播放音乐。

 嗯，这个想法有意思，我想挑战！

 那就先尝试让掌控板播放《小星星》吧。

学一学

悠悠同学的想法很好，为了实现你提出的设想，这次要用上一些新的积木来帮忙（见表 5-4）。像《小星星》这样旋律简单还有重复旋律的乐曲，交给"高级"菜单里的"函数"模块正好。

表 5-4　积木和功能列表 15

积木	功能
定义函数 my_func	创建一个不带输出值的函数，函数名自定义
my_func	自定义的函数

知识拓展

 （1）mPython 软件中函数模块的调用步骤如图 5-10 所示。

（2）自定义函数步骤：修改函数名称，再次单击"函数"，找到自定义函数积木（见图 5-11）。

图 5-10　函数调用步骤

图 5-11　自定义函数步骤

试一试

 原来函数在这里呀，我说怎么找半天也没找到。

现在，让我们来看一看乐谱吧（见图 5-12）。

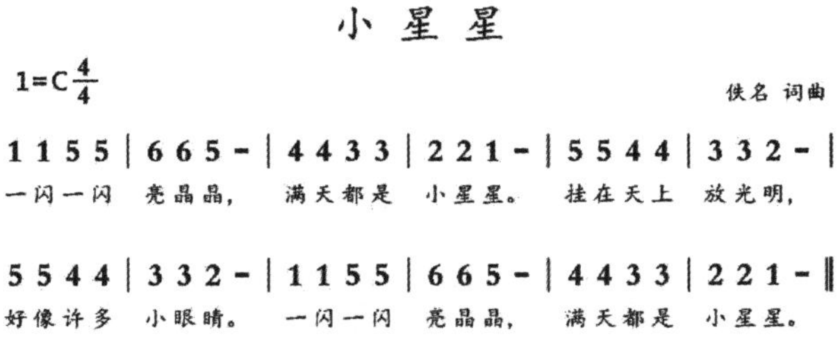

小 星 星

1=C $\frac{4}{4}$

佚名 词曲

1 1 5 5 ｜ 6 6 5 - ｜ 4 4 3 3 ｜ 2 2 1 - ｜ 5 5 4 4 ｜ 3 3 2 - ｜
一闪一闪　亮晶晶，　满天都是　小星星。　挂在天上　放光明，

5 5 4 4 ｜ 3 3 2 - ｜ 1 1 5 5 ｜ 6 6 5 - ｜ 4 4 3 3 ｜ 2 2 1 - ‖
好像许多　小眼睛。　一闪一闪　亮晶晶，　满天都是　小星。

图 5-12　小星星乐谱

这个乐谱里面好多重复旋律，它和我们要用的函数有什么联系呢？

 松松同学现在观察得愈来愈仔细了。我们使用函数就是为了避免重复的工作，精简我们的程序。试想一下，每一个音符都需要一条积木，掌控板演奏一首《小星星》需要我们拖动多少个模块。

 我数了数，大概需要 42 条积木。

什么，一首小星星需要这么多音乐模块吗，天哪，那我手都拖酸了。

 老师，怎么样才能让函数帮我们减轻负担呢？

定义好一个函数以后，我们在函数里面记录下重复播放的音符，再在主程序里调用它就可以了。以《小星星》中"一闪一闪亮晶晶"为例来展示函数的用法（见图 5-13、图 5-14）。

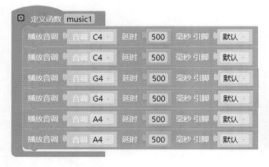

图 5-13　自定义函数 music1

图 5-14　主程序调用函数 music1

秀一秀

根据老师的提示，我完成了播放《小星星》的程序，欢迎大家欣赏我的成果（见图 5-15）。

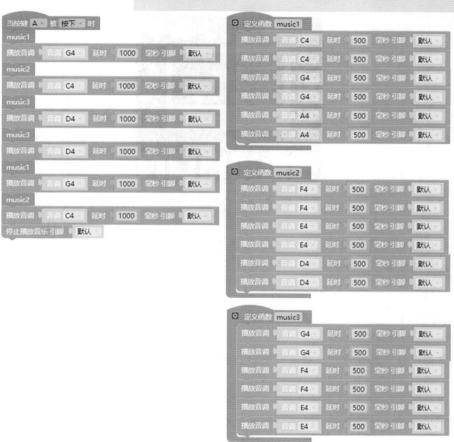

图 5-15　《小星星》演奏程序

 你是不是漏掉什么信息了？没办法，还得靠我来补充呀（见图 5-16）。

图 5-16　显示屏显示内容程序

没想到还有菜菜和杜帅联手的一天！我把大家的想法集中起来做出了完整的程序，一块儿听听这首《小星星》吧（见图 5-17）！

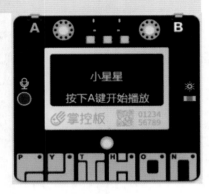

图 5-17　显示屏显示效果

音乐能唤起我们最直接的情感，它在表现和传达情感上是直接、真实而深刻的。现在，我们又学习了一个新的传达情感方式，希望你们能运用起来。

评一评

在完成任务的过程中，你有哪些收获呢？快来写一写吧！

① _____ ；

② _____ ；

③ _____ 。

这节课的 3 个任务你都完成了吗？请大家填写表 5-5 记录一下你遇到的困难和解决办法。

表 5-5　学习记录表

在完成任务的过程中，我遇到了一些困难	我的解决办法

再来评一评自己的学习效果吧！请大家用画笔涂一涂，看看自己能得多少颗星星，3 颗星表示优秀，2 颗星表示良好，1 颗星表示继续努力（见表 5-6）。

表 5-6　学习评价表

评价维度	评价内容	我的得星数
学习任务	我能循环播放内置音乐，比如《歌唱祖国》《茉莉花》等	☆ ☆ ☆
	我能通过触摸按键 P、Y、T、H、O、N，让掌控板演奏不同音符	☆ ☆ ☆
	我会定义并调用函数	☆ ☆ ☆
学习表现	小组合作遇到问题时我积极动脑思考	☆ ☆ ☆
	我能主动倾听和帮助组员	☆ ☆ ☆
	在活动过程中我有一些新的想法	☆ ☆ ☆

读一读

蜂鸣器

掌控板板载无源蜂鸣器（见图 5-18），其声音主要是通过高低不同的脉冲信号来控制而产生的。声音频率可控，频率不同，发出的音调就不一样，从而可以发出不同的声音，还可以做出 Do、Re、Mi、Fa、Sol、La、Si 的效果。

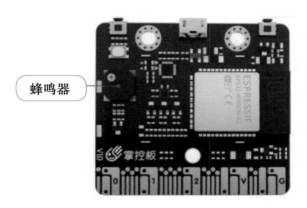

图 5-18　掌控板蜂鸣器

项目6 体育课——《简易计步器》

适度的体育运动（见图 6-1）不仅能够强壮体魄，提高身体免疫力，还可以锻炼坚强的意志，为学习和生活打下坚实的基础。

图 6-1 体育运动

 同学们，你们最喜欢的体育运动是什么呢？

 我最喜欢竞走，我还得过学校运动会的竞走冠军呢！

我最喜欢做仰卧起坐啦！

 我可是俯卧撑小能手哦！

 我是学校国旗护卫队的，我踢正步可是一流的！

 看来大家都是运动达人呢，那这节课我们就进行一场体育比赛，利用掌控板来检测我们的运动成绩吧！

基础任务：简易计步器

想一想

我们先进行跑步比赛。请同学们沿着操场竞走 3min，比一比谁走的步数最多。

老师，虽然我走路蛮快，但是我算数不太好。边走路边数步数的话，估计我的脑袋会晕掉。如果能用掌控板制作一个计步器的话，该多好呀！

你的想法很好，掌控板中内置检测其是否被摇晃的模块，利用这个模块就可以把掌控板制作成一个计步器哦。

学一学

要显示走路的步数，关键是显示掌控板被摇晃的次数，对应地，我们需要用到以下积木（见表6-1）。

表6-1 积木和功能列表16

积木	功能
掌控板 被摇晃	是一个布尔变量，当掌控板被摇晃时，它代表"真"，否则代表"假"

试一试

 了解了积木的功能之后，谁来分析一下显示步数的基本步骤，方便我们后续的编程呢？

很简单嘛，第 1 步，程序开始，设置初始化变量 step，清空掌控板的 OLED 显示屏，在 OLED 显示屏的上方显示"欢迎使用计步器"；第 2 步，重复检测掌控板，如果被摇晃了，就将变量 step 值增加 1，清屏并将最新的步数显示在 OLED 显示屏上；第 3 步，同时重复检测按键 A，如果被按下了，就复位。

 大家可以参考下面的程序流程图编程哦（见图 6-2）。

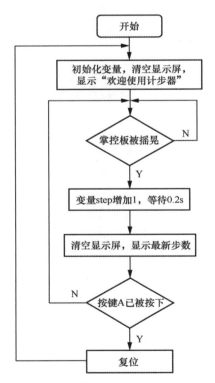

图 6-2　简易计步器程序流程图

 话不多说，开始编程（见图 6-3）。

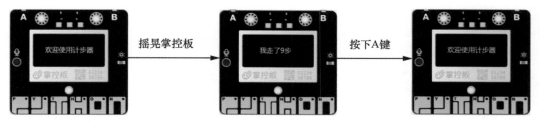

图 6-3 简易计步器程序

秀一秀

 成功啦，快来看看我走得多快（见图 6-4）！

摇晃掌控板 按下A键

图 6-4 简易计步器运行效果

 杜帅，你不但走路带风，编程功夫也很了得！

 嘻嘻，老师谬赞了。

进阶任务：仰卧起坐

 想一想

哇，很不错嘛！老师，掌控板能不能也来检测一下我做仰卧起坐的数量呢？

当然可以啦，掌控板中内置三轴加速度传感器，可以检测掌控板在各个方向的加速度。利用这个功能，掌控板就可以检测仰卧起坐的数量啦！

什么是三轴加速度传感器？听起来很厉害的样子。

三轴加速度传感器是一种输入设备，它可以感受掌控板 X 轴、Y 轴、Z 轴这 3 个方向的加速度，并将其转换成可用输出信号。

 学一学

想要用掌控板检测仰卧起坐的数量，就需要大家掌握三轴加速度积木的功能（见表 6-2）。

表 6-2　积木和功能列表 17

积木	功能
X 轴加速度 Y 轴加速度 Z 轴加速度	分别代表掌控板在 X 轴、Y 轴、Z 轴 3 个方向的加速度。通常大小为 -1 ~ 1

 试一试

现在请大家尝试通过编程在掌控板的 OLED 显示屏上显示当前的 X 轴、Y 轴、Z

轴加速度（见图6-5），并测试掌控板在正面向上平放在水平面的初始位置时，分别向前、向后、向左、向右4种不同倾倒情况下X轴、Y轴、Z轴加速度的变化情况，通过表格的形式记录下来。

图6-5 掌控板显示当前的X轴、Y轴、Z轴加速度

通过检测，我们发现掌控板在不同倾倒情况下X轴、Y轴、Z轴加速度的变化情况如下（见表6-3）。

表6-3 掌控板在不同倾倒情况下X轴、Y轴、Z轴加速度变化情况

掌控板倾倒情况	X轴加速度变化	Y轴加速度变化	Z轴加速度变化
向左倾倒	不变	变大（从0变化到1）	不变
向右倾倒	不变	变小（从0变化到-1）	不变
向前倾倒	变大（从0变化到1）	不变	不变
向后倾倒	变小（从0变化到-1）	不变	不变

现在，请大家讨论一下，如何利用掌控板X轴、Y轴、Z轴加速度的值来检测仰卧起坐的数量吧！

我们先画个程序流程图，理一下编程思路（见图6-6）。

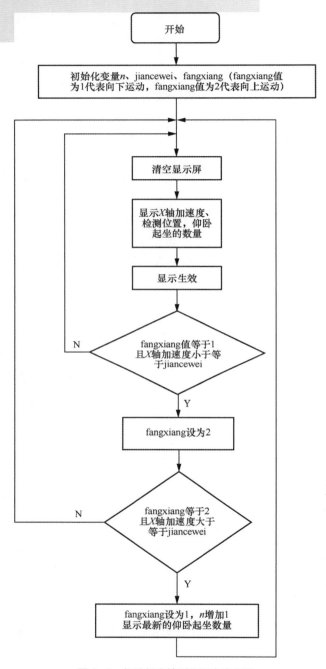

图 6-6　仰卧起坐检测仪程序流程图

三下五除二，仰卧起坐检测仪程序已编好（见图 6-7）。

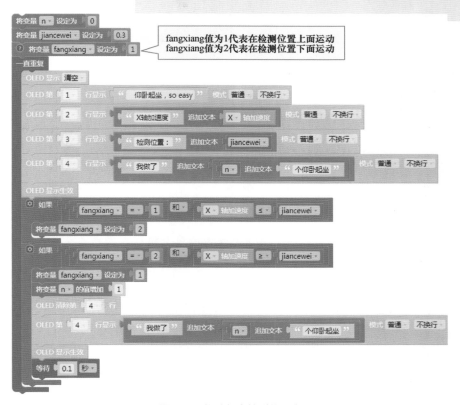

图 6-7　仰卧起坐检测仪程序

秀一秀

我先躺下，将掌控板正面朝上固定在胸前，就可以开始检测啦！仰卧起坐检测仪测效果如图 6-8 所示，仰卧起坐，So easy！

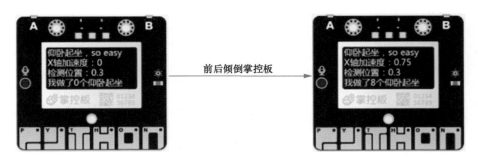

图 6-8　仰卧起坐检测仪测试效果

 不得不说，菜菜，你的仰卧起坐做得还是蛮标准的嘛。

 嘻嘻，那必须滴。

拓展任务：水平仪

想一想

 既然掌控板可以通过三轴加速度传感器检测倾斜情况，那岂不是还可以制作一个水平仪，顺便检测一下我们国旗护卫队踢正步的姿势有多标准呢？

 松松的思维很发散嘛！那么请同学们想一想可以怎样设计水平仪呢？

学一学

 为了直观地显示掌控板的倾倒情况，我们可以在掌控板上画一个圆心坐标为（64,32）、半径为31的空心圆，并在圆里面描一个点，要让这个描点随着掌控板的倾倒而移动，并且不要走出空心圆。想一想：这个描点的 X、Y 坐标跟 Z 轴加速度的大小有关系吗？与 X 轴、Y 轴加速度的大小又有什么关系呢？

 经过讨论，我们得出掌控板在不同倾倒情况下 X 轴、Y 轴加速度和描点的 X、Y 坐标的变化情况（见表6-4）。

表6-4 掌控板在不同倾倒情况下 X 轴、Y 轴加速度和描点 X、Y 坐标变化情况

掌控板倾倒情况	X 轴加速度变化	Y 轴加速度变化	描点 X 坐标	描点 Y 坐标
向左倾倒	不变	变大 （从 0 变化到 1）	变小 （从 64 变化到 31）	不变
向右倾倒	不变	变小 （从 0 变化到 -1）	变大 （从 64 变化到 95）	不变
向前倾倒	变大 （从 0 变化到 1）	不变	不变	变大 （从 32 变化到 63）
向后倾倒	变小 （从 0 变化到 -1）	不变	不变	变小 （从 32 变化到 1）

X轴、Y轴加速度的取值范围是 $-1\sim1$，但是描点的 Y 坐标的范围是 $31\sim95$，描点的 X 坐标的范围是 $1\sim63$，所以需要将 X 轴、Y 轴加速度分别映射到描点的 X、Y 坐标范围内。

试一试

明白了具体原理之后，我们用程序流程图绘制了编程思路，按照这一思路来（见图6-9）！

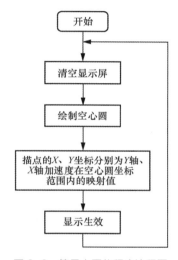

图6-9　简易水平仪程序流程图

 按照你的思路，我写了个程序（见图6-10），是这样吗？

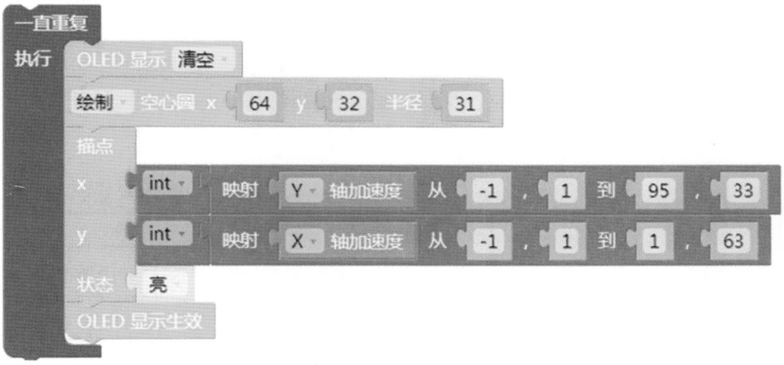

图6-10　简易水平仪程序

松松很棒嘛，你已经完成了一个简易的水平仪了。但是，这个水平仪检测起来还不太准确，为了更准确地检测脚掌的水平状态，我们能不能把程序再升级一下？

我觉得我们可以在同一个圆心处再多画两个小圆，如果描点在两个小圆里面，就说明脚掌是平的，否则就可以利用掌控板的 RGB LED 灯来提示掌控板倾斜了。

秀一秀

你这样一说，我立刻就有思路了（见图 6-11），快来看看我的程序和效果（见图 6-12、图 6-13）。

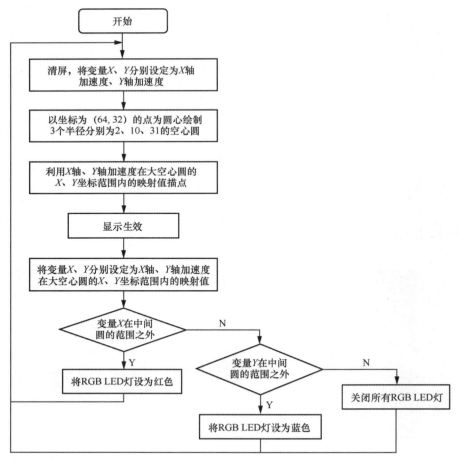

图 6-11 升级版水平仪程序流程图

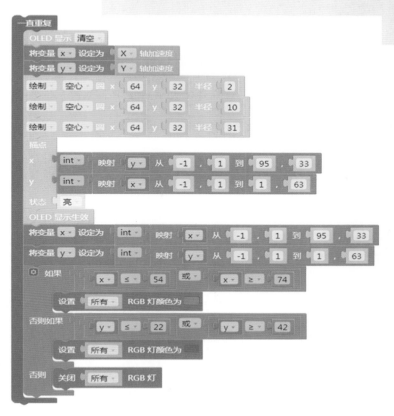

图6-12　升级版水平仪程序

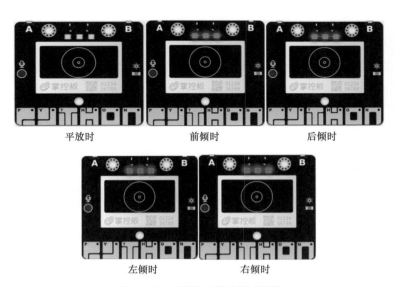

平放时　　　　　前倾时　　　　　后倾时

左倾时　　　　　右倾时

图6-13　升级版水平仪测试效果

 松松，你的正步踢得太标准啦，英姿飒爽！

这节课大家不仅锻炼了身体，还锻炼了大脑。接下来大家一起分享一下你们的锻炼成果吧。

评一评

 在完成任务的过程中，你有哪些收获呢？快来写一写吧！

① _____ ；

② _____ ；

③ _____ 。

这节课的 3 个任务你都完成了吗？请大家填写表 6-5 记录一下你遇到的困难和解决办法。

表 6-5　学习记录表

在完成任务的过程中，我遇到了一些困难	我的解决办法

再来评一评自己的学习效果吧！请大家用画笔涂一涂，看看自己能得多少颗星星，3 颗星表示优秀，2 颗星表示良好，1 颗星表示继续努力（见表 6-6）。

表 6-6　学习评价表

评价维度	评价内容	我的得星数
学习任务	我了解了三轴加速度传感器的工作原理	☆ ☆ ☆
	我知道什么是 X 轴、Y 轴、Z 轴加速度	☆ ☆ ☆
	我能制作出计步器、仰卧起坐检测仪和水平仪	☆ ☆ ☆

续表

评价维度	评价内容	我的得星数
学习表现	小组合作遇到问题时我积极动脑思考	☆ ☆ ☆
	我能主动倾听和帮助组员	☆ ☆ ☆
	在活动过程中我有一些新的想法	☆ ☆ ☆

读一读

重力加速度计步与陀螺仪计步

早期大多数的计步器使用重力加速度数据计步，基于阈值来检测步伐。不论是硬件还是软件，其都不能满足高精度的定位需求，尤其在缓慢步行的情况下。低速表现不佳的主要原因是：低速行走时，重力加速度几乎为固定值，而且重力加速度计反应迟缓，再加上这些算法不能采用分级的阈值。

因此，现在大多数的计步器采用陀螺仪来计步，它能够在室内定位中识别出人类步行状态，相对于使用重力加速度的计步器更加精确。当把带有陀螺仪的计步器放在裤袋里时，通过设备陀螺仪的单值数据（陀螺仪数据有 3 个值，分别为 x 轴、y 轴、z 轴数据）就可以追踪大腿的运动，从而进行计步检测。

项目 7　信息科技课
——《探秘物联网》

打开手机，就能设定家里空调的温度；上车后，说出具体的位置，无人驾驶汽车就能按照预设的目的地，在道路上行驶；坐在家里，就能实时掌握大棚里农作物的生长环境数据，还能对相关的电器设备进行调控……以前只在科幻电影中出现的场景，随着物联网技术的不断发展，已经出现在我们的现实生活中了（见图7-1）。

图 7-1　万物互联

如果说无人驾驶汽车算是物联网技术的应用，那到底什么是物联网呢？

物联网（Internet of Things，IoT）就是物物相联的网，是通过信息传感设备，按照约定的协议，把任何物品用互联网连接起来，进行信息的交换和通信，以实现智能化识别、定位、跟踪、监控和管理的一种网络。

 网络？我只听说过无所不能的互联网，那物联网和互联网有什么区别呢？

是呀，我也犯糊涂了，手机上网不是互联网吗？怎么控制家里的空调就成物联网了？我也很好奇他们两者有什么区别和联系。

物联网是物物相连形成的一个网络体系，主要在生活生产各种物品之间使用，互联网是网络与网络之间形成的一个庞大的网络体系，物联网依托于互联网的使用，所以从本质上来说物联网就是"物物相连的互联网"。

基础任务：掌控互联

想一想

 我们每个人都有一块掌控板，我们能否利用某种技术，将所有人的掌控板联系在一起，实现信息的互传呢？

很明显，你要实现消息互传，首先要看掌控板支持哪些通信方式。

掌控板与掌控板可以通过广播（软件中的广播本质为2.4G网络）、蓝牙、红外线、Wi-Fi等方式进行通信。

 这么多方式，它们又有什么区别呢？我们选哪种好呢？

其实通信也有近距离通信和远距离通信之分。刚开始实现掌控互联，可以先了解近距离通信，比如说软件中用到的广播，也就是2.4G网络。

知识拓展

 2.4G网络指的是2.4GHz无线网络技术。2.4G无线网络频段属于ISM频段，它

是全球范围内被广泛使用的超低辐射绿色环保频段，具有 125 个通信信道，因为 2.4G 无线网络通信更通畅，多个通信信道间不会相互干扰，传输速度快，且不受传输方的影响，还支持双向通信。mPython 软件中的广播功能支持 13 个频道。

学一学

如果选择了广播功能，我们就来一起看看"广播"模块下都有哪些积木，能实现哪些功能（见表 7-1）。

表 7-1　积木和功能列表 18

积木	功能
打开 ▾ 无线广播 ✓打开 关闭	打开或关闭无线广播功能
设无线广播 频道为 13	设置无线广播频道，共有 13 个频道可供选择，消息互传时，必须在同一频道内
无线广播 发送 " msg "	通过无线广播，发送消息"msg"
当 收到无线广播消息 时 打印 收到的无线广播消息	收到其他掌控板发来的消息时，显示接收到的无线广播内容
当 收到特定无线广播消息 on 时	收到指定信息"on"时，开始执行后面的指令

了解了积木的功能之后，谁来分析一下实现掌控板消息互传的基本步骤？

So easy，第 1 步，分别确定发射端和接收端，并选择同一频道；第 2 步，发送端发送消息，并通过一定的方式显示消息已经发送；第 3 步，接收端接收消息，做出对应的指令并显示消息已经收到。

跟以往不同，这里我们需要用两个程序流程图，分别表示发射端和接收端的流程。我画出了发射端的程序流程图（见图 7-2）。

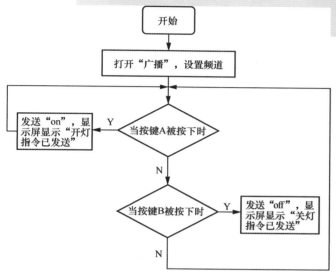

图 7-2　发射端程序流程图

接收端程序流程图可以根据发射端程序流程图去绘制了，谁来试一试（在图 7-3 的虚线框中画出程序流程图）？

图 7-3　接收端程序流程图

试一试

英雄同学，我决定按你的思路，编写个发射端程序（见图 7-4）。

小伙伴们，谁来接招，看看我的指令发送成功没？

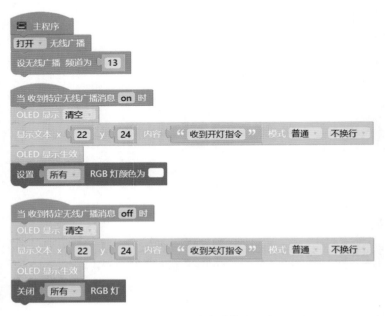

图 7-4　无线广播发送指令程序

 我最喜欢助人为乐了，根据你的发送指令，我试着编写一个接收指令程序（见图 7-5）。

图 7-5　无线广播接收指令程序

既然程序编写好了，你们试试效果如何呗。

秀一秀

英雄同学蛮给力的哦（见图 7-6）。

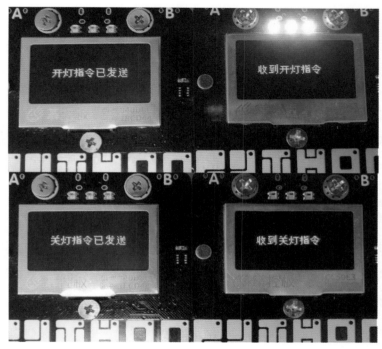

图 7-6　发送和接收效果

嗯，看来你们深刻体会到了协作的重要性。掌控板可以实现彼此间消息互传，也能通过网络获取时间、天气等信息。接下来，我们再来试试如何获取网络时间。

进阶任务：网络时钟

想一想

作为一个向上好少年，学会管理时间是非常重要的，不过我有个小小的困惑，掌控板是如何获取时间的呢？

 这还不简单，在软件模块中，找找什么与时间有关。

小杜同学，你的思路是可以的，除了找到与时间对应的模块，我们还要让掌控板显示北京时间，那这里就还需要网络的支撑。

知识拓展

北京时间是中国采用国际时区东八区的区时作为标准的时间。北京时间并不是北京（东经116.4°）的地方时间，而是东经120°的地方时间，故东经120°地方时比北京的地方时早约14.5min。北京处于国际时区划分中的东8区，同格林尼治时间（世界时）相差整整8小时（即北京时间＝世界时＋8小时）。东8区包括的范围为东经112.5°到东经127.5°，以东经120°为中心线，东西各延伸7.5°，总宽度为15°。

学一学

同学们对掌控板显示时间的思考比较全面，那接下来，我们一起看看需要用到的新积木，请同学们认真看看表7-2，分析一下这些积木的功能，然后思考如何组合，去实现"网络时钟"。

表7-2 积木和功能列表19

积木	功能
连接 Wi-Fi 名称 my_wifi 密码 12345678	连接到 Wi-Fi，使用该模块时，需要将名称和密码修改成自己所在环境的 Wi-Fi 名称和密码
如果 已连接到 WI-FI	判断是否连接到 Wi-Fi
同步网络时间 时区 东8区 授时服务器	同步到东8区的区时，也就是同步到北京时间

续表

积木	功能
本地时间 年 ▾	调用当前所在年、月、日等信息
初始化时钟 my_clock x 90 y 32 半径 30	初始化时钟位置大小
时钟 my_clock 读取时间	获取时间
绘制 时钟 my_clock	绘制时钟

试一试

了解了以上积木的功能，同学们是不是已经有了编程实现网络时钟的思路了？

思维有多远，你就可以走多远，没有程序流程图的程序编写是没有灵魂的，谁来绘制一下程序流程图（在图 7-7 中的虚线框中补充其他流程）？

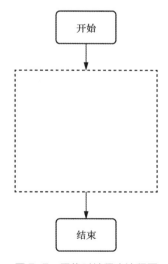

图 7-7　网络时钟程序流程图

我先来试一试编写程序（见图 7-8）！

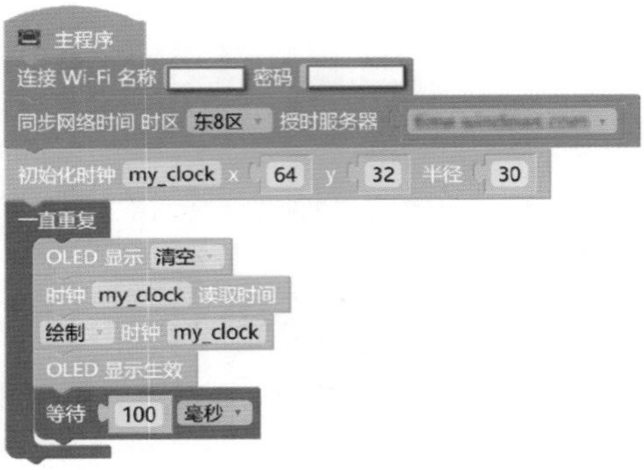

主程序
连接 Wi-Fi 名称 ▢ 密码 ▢
同步网络时间 时区 东8区 授时服务器 ▢
初始化时钟 my_clock x 64 y 32 半径 30
一直重复
OLED 显示 清空
时钟 my_clock 读取时间
绘制 时钟 my_clock
OLED 显示生效
等待 100 毫秒

图 7-8 网络时钟程序

在时钟附近显示当前年、月、日等信息，岂不是更加实用（见图 7-9）！

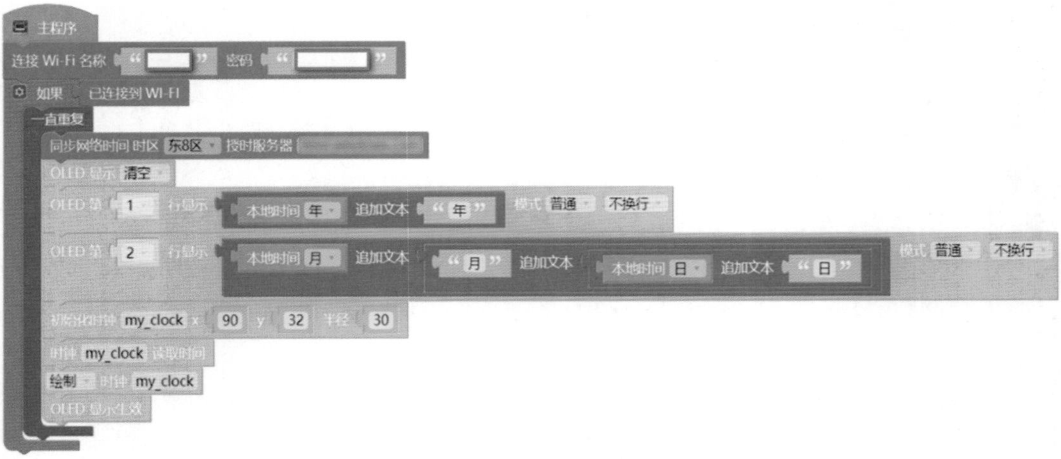

主程序
连接 Wi-Fi 名称 " ▢ " 密码 " ▢ "
如果 已选接到 Wi-Fi
一直重复
同步网络时间 时区 东8区 授时服务器 ▢
OLED 显示 清空
OLED 第 1 行显示 本地时间 年 追加文本 " 年 " 模式 普通 不换行
OLED 第 2 行显示 本地时间 月 追加文本 " 月 " 追加文本 本地时间 日 追加文本 " 日 " 模式 普通 不换行
初始化时钟 my_clock x 90 y 32 半径 30
时钟 my_clock 读取时间
绘制 时钟 my_clock
OLED 显示生效

图 7-9 显示年、月、日的网络时钟程序

秀一秀

我就想对比一下你们俩的程序有什么区别（见图 7-10）。

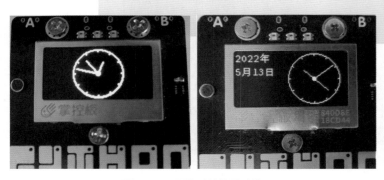

图7-10 网络时钟效果对比

掌控时间就是掌控人生的第一步。家长要是有特殊事情需要跟同学们做些交代，也很重要哦。接下来，我们尝试设计制作一款"家校联系本"，同学们的父母有什么紧急事情，都可以通过云平台发送消息到掌控板。

拓展任务：家校联系本

想一想

我们上课时，家长肯定离我们很远，掌控板可以收到那么远的信息吗？

之前的无线广播肯定不行了。

近距离通信无法实现，我们就用远距离无线通信呀。

那你的意思是用 Wi-Fi 进行远距离通信？我强烈要求老师赶快教教我们。

学一学

松松同学，果真好学。利用掌控板实现远距离通信，一般情况下，我们需要用到 MQTT 物联网，简单说就是通过 Wi-Fi 将信息由掌控板发送到云平台，家长可以在云平台接收数据，当然也可以再由云平台将信息发送到不同的掌控板，为此，我们还是来了解一下，用哪些积木可以实现这功能（见表7-3）。

表7-3　积木和功能列表20

积木	功能
MQTT-Easy IoT 服务器　"182.254.130.180" Client ID　"" Iot_id　"SyWH2Af2xV" Iot_pwd　"8Jf5nAzm4"	连接到 Easy IoT，填写对应的服务器地址、IoT 账号和密码，这里 Client ID 能够自动获取，不用填写
连接 MQTT	连接 MQTT
等待 1 秒	一个动作执行完等待一会，后面的单位有秒、毫秒和微秒
发布 "hello" 至 主题 "topic1"	将消息发布到对应主题
当从主题 接收到消息 时 打印 从 MQTT 收到的消息	从网络云平台的某主题收到消息时，显示消息内容
等待主题消息 以 阻塞 模式	以阻塞的方式接收主题消息

知识拓展

　　MQTT（Message Queuing Telemetry Transport）消息队列遥测传输协议，是一种基于发布 / 订阅模式的轻量级通信协议。MQTT 作为一种低开销、小带宽占用的即时通信协议，在物联网、小型设备、移动应用等方面有较广泛的应用。MQTT 信息传递方式如图 7-11 所示。

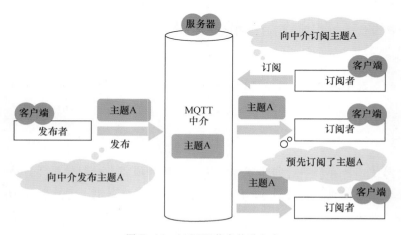

图 7-11　MQTT 信息传递方式

老师啊老师，您说的模块，我怎么半个都没看到呢？

 需要先单击软件左下角的"添加"，然后选择"网络应用"，在 MQTT 中选择"加载"，再打开"扩展"，我们就能看到模块了（见图7-12）。

图 7-12　MQTT 的添加

 老师，如您所说，加载 MQTT 后，所有相应的功能模块都有了（见图7-13）。

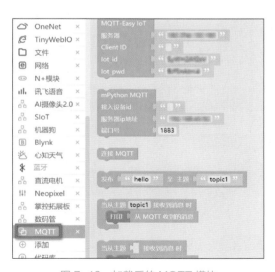

图 7-13　加载后的 MQTT 模块

试一试

老师，我知道了，我们把网络连接好，MQTT 设置好，然后等待云平台发来消息。

思路是这样的，还是要画好程序流程图，整理思路，再编写程序（见图 7-14）。

哇，按照你的思路，我写了个程序（见图 7-15），是这样吗？

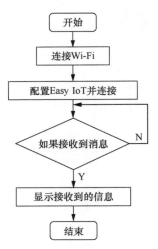

图 7-14　家校联系本程序流程图

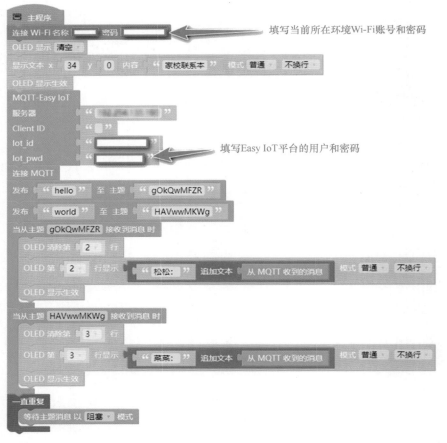

图 7-15　家校联系本程序

松松很棒嘛，你能否跟大家讲讲，程序中的 Easy IoT 如何配置。

能为同学们答疑解惑，这是我的荣幸。首先我们需要访问 Easy IoT 物联网平台并进行注册和登录，然后系统会弹出下面的对话框（见图 7-16），单击左侧"重新生成"右边的"小眼睛"，可以看到自己的 IoT 用户名和密码，单击右侧的"+"，能继续生成"话题"，也就是程序中的"主题"（大家一定要注意，将自己的"话题"填入程序中）。

图 7-16　Easy IoT 的配置

同学们的家长只需要单击"发送消息"，编辑发送内容，就可以将留言信息发给我们了（见图 7-17、图 7-18）。

图 7-17　单击"发送消息"，进入信息发送页面

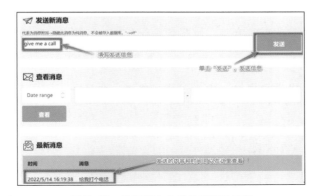

图 7-18　从云平台向掌控板发送信息

秀一秀

 松松，给你点个赞，讲得非常细致，那你顺便把掌控板的显示效果给我们看看呗。

 我的宗旨就是为同学们服务（见图 7-19）。

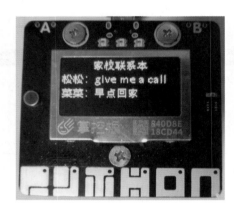

图 7-19　掌控板接收网络平台的信息

 从上图看来，从云端发送消息时，既可以发送中文，也能发送英文。

 在前面的实践中，大家初步掌握了 MQTT 物联网的使用，松松也完成了一个简单程序，但程序设计还有很多不足之处，需要进一步迭代升级。

 是的，比如说云端有消息发来，掌控板可以滴一声或是亮个灯，进行提醒。

 掌控板显示屏显示内容有限，如果有多条信息，如何查询？确实值得再深入研究。

 感谢大家提出宝贵的建议，我也想想如何进一步完善。

评一评

 在完成任务的过程中，你有哪些收获呢？快来写一写吧！

① _____ ;

② _____ ;

③ _____ 。

这节课的 3 个任务你都完成了吗？请大家填写表 7-4 记录一下你遇到的困难和解决办法。

表 7-4 学习记录表

在完成任务的过程中，我遇到了一些困难	我的解决办法

再来评一评自己的学习效果吧！请大家用画笔涂一涂，看看自己能得多少颗星星，3 颗星表示优秀，2 颗星表示良好，1 颗星表示继续努力（见表 7-5）。

表 7-5 学习评价表

评价维度	评价内容	我的得星数
学习任务	我能掌握"广播"模块的用法	☆☆☆
	我能调取时间信息，并进行显示	☆☆☆
	我了解 MQTT 物联网的使用方法	☆☆☆
学习表现	小组合作遇到问题时我积极动脑思考	☆☆☆
	我能主动倾听和帮助组员	☆☆☆
	在活动过程中我有一些新的想法	☆☆☆

读一读

智能家居与物联网

智能家居以物联网为思想，以计算机技术和网络通信技术为基础，将家里的各类电子产品等需要控制的设备连接在一起形成一个家庭网络，通过不同的通信方式实现设备

之间的数据交换和通信，达到设备之间能够相互通信、相互控制的目的，同时也提供用户的远程控制，最终实现智能化的家居生活。如图 7-20 所示，在智能家居中，窗帘、摄像机、音响等都接入一个网络，人们既可以在家进行无线操控，也能在外根据天气调节窗帘、回家之前打开空调，当然也能通过人工智能技术进行控制。

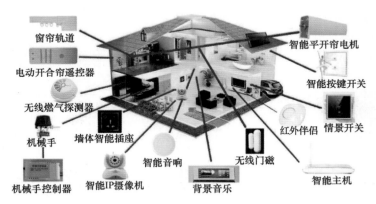

图 7-20　智能家居应用场景

　　智能家居不仅仅能提供舒适的生活，其中有些应用更是为了保障安全。如图 7-21 所示，物联网燃气报警器能够像手机一样进行人与物的沟通，当家里的燃气发生异常时，燃气报警器会向多平台发出报警信号，不仅是厨房的燃气报警器会响，手机端会收到报警，云平台上也可以清晰看到出现问题的燃气报警器所处的位置。

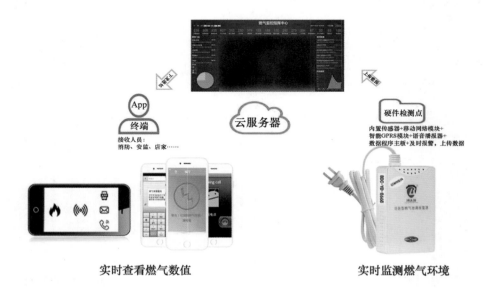

图 7-21　燃气检测预警系统

项目8 英语课——《英语小词典》

英语是世界上被广泛使用的语言，在当今社会，英语早已渗透生活的方方面面，应用十分广泛。而随着互联网高速发展，编程语言越来越主流，其中编程语言就是由英语编写的。为了适应全球化的趋势，我们需要更努力地学好英语。

你知道如何才能学好英语吗？想要学好英语，我们需要有好的学习工具（见图8-1），先让我们一起来看看吧！

词典　　　　　　　　　电子词典　　　　　　　词典笔

图 8-1　常用英语学习工具

 快看，我用的就是英语词典，词典很便宜，也很方便！

 我家也用的是词典，查起来好慢呀！

 我用的就不同，英语词典查起来很慢，用电子词典查就快得多。

 你们用的工具都过时了呢，现在是什么时代——信息时代！我用的是词典笔，可快

呢！用它扫描单词就可以查词义，还可以通过语音来查呢！给你们试试，好用不？ ☺ ☺ ☺

各种工具可以用来辅助我们学习英语，你们想知道如何利用掌控板来做一个电子词典吗？

基础任务：英语小词典Ⅰ

想一想

用掌控板做电子词典？这一定很有趣！那么多的单词和词义编写起来一定需要很多积木来实现吗？

用按钮来实现上下翻页功能，需要用到选择结构，那不是需要更多积木才能实现？
😵 😑 😑 😑

掌控板可以通过调用"列表"模块来完成类型相同数据的输入及查询等操作。比如：对于英语单词与词义，我们可以做两个列表（列表指相同类型数据的集合），一个列表专门放英语单词，另一个列表中放对应的词义。通过相关积木可以直接对列表中的数据进行输入、查询、删除等操作。

小蔡、小杜同学，"列表"模块具有一个非常强大功能，让呆哥给我们科普一下。

知识拓展

列表，是以表格为容器，装载着字符的一种形式。是按照一定的线性顺序，排列而成的数据项的集合，可以在这种数据结构上进行的基本操作包括对元素（列表中的内容）的查找、插入和删除等。列表索引是从 0 开始的。在使用列表时需要先对列表进行定义。图 8-2 所示是一个名为"list"的列表，其内部分别赋的值是 6 种颜色的英语单词，列表的长度为 6，起始颜色"red"的位置是 0。

图 8-2　名为"list"的列表

学一学

使用"列表"模块，需要在"高级"中找到"列表"才行，在"列表"模块中，我们需要用到以下积木（见表 8-1）。

表 8-1 积木和功能列表 21

积木	功能
定义列表 my_list = 初始化列表 [0, 0, 0]	定义列表
列表 初始化列表 [ ] 第 0 项	提取列表第 *N* 项的值

试一试

了解了各个积木的功能之后，谁来分析一下显示单词及词义的基本步骤，方便我们后续的编程呢？

很简单嘛！第 1 步，程序开始，定义两个列表模块并清空掌控板的 OLED 显示屏；第 2 步，提取列表中需要显示的数据并设置其在 OLED 显示屏的显示位置；第 3 步，让显示生效。

顺便给大家画个程序流程图（见图 8-3），有事请找我。

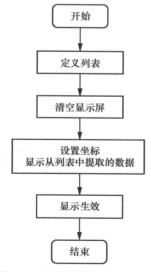

图 8-3 英语小词典 I 程序流程图

 我来把需要的积木拼接起来，给大家展示一下（见图8-4）。

图 8-4　循环显示单词程序

 菜菜，你的也太"菜"了吧，还没看清楚就到了下一个单词，看我的（见图8-5）！

图 8-5　按键控制显示单词程序

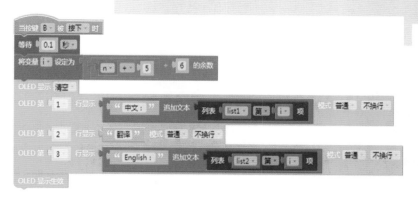

图8-5 按键控制显示单词程序（续）

 秀一秀

杜帅，我看你和我的仿真结果没两样啊，不都是这样吗（见图8-6）？

图8-6 英语小词典 | 的仿真结果

你再仔细看，我的是"按键控制"，先进吧！

你们都不错，学会使用列表让掌控板拥有了简单词典的功能！太棒了！老师奖励你们一个"赞"。

老师，这样查找一个单词太慢了，我想说中文，让掌控板能快速查找对应的英文单词，有办法吗？

掌控 AI 入门之旅

想让掌控板能听懂我们说的内容，就要用到现在非常流行的语音识别技术。

进阶任务：英语小词典 II

 想一想

语音识别！太棒了！我也想让我的掌控板能听懂我说的话，怎么做到呢？

这还不简单，现在家庭中有很多设备具有语音识别功能，像我家用的智能电视机、智能音箱都可以进行语音识别，只需要联网不就行了吗？

小杜同学，你又想简单了吧，让掌控板能够听懂我们说的话，这要用到人工智能中的语音识别技术，需要很多后台技术的支撑。我们的掌控板除了需要联网，还需要有"听觉系统"，通过将它们联合起来才能将听到的内容转换成相关的文字。下面我请呆哥科普一下。

知识拓展

语音识别技术就是让机器通过识别和理解过程，把语音信号转变为相应的文本或命令的技术。它也可被比作"机器的听觉系统"。

语音识别技术涉及的领域包括：数字信号处理、声学、语音学、计算机科学、心理学、人工智能等，是一门涵盖多个学科领域的交叉科学技术。

语音识别的技术原理是模式识别，其一般过程可以总结为：

预处理—特征提取—基于语音模型库的模式匹配—基于语言模型库的语言处理—完成识别（见图8-7）。

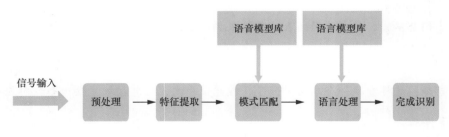

图 8-7 语音识别过程

学一学

如果你们也想让掌控板能够识别出我们说的话，那就需要用到一批新的积木，请大家认真看看下面的表格（见表 8-2），想一想我们如何利用这些积木来完成新的英语小词典 II 程序的编写。

表 8-2　积木和功能列表 22

积木	功能
连接 Wi-Fi 名称 " " 密码 " "	连接网络 Wi-Fi，需要有 Wi-Fi 名称和密码
已连接到 WI-FI	返回连接 Wi-Fi 的情况
开始录音 录音时长 2 秒	通过掌控板上的麦克风进行声音录制，录音时长不得超过 5s
将 录音结果 进行识别	掌控板进行声音识别
识别录音结果	识别的结果
转为文本 识别录音结果	将识别的结果转换为文字
列表 初始化列表 [ ] 包含 " mPython "	快速判断列表内是否包含后面的文本
重复直到 执行 重复当 ✓ 重复直到	循环语句，重复运行直到与后面条件相同时结束

掌控板 OLED 显示屏左侧集成了麦克风（见图 8-8），同时背面集成 ESP-32 高性能双核芯片，支持 Wi-Fi 和蓝牙双模通信，可实现物联网应用。通过麦克风"听到"声音，Wi-Fi 功能接入网络，获取互联网世界的各种资源，进行声音识别，再由 OLED 显示屏显示结果，我们就可以实现与掌控板的对话了。

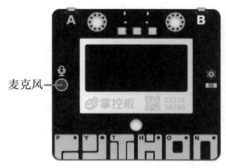

图 8-8　掌控板麦克风的位置

试一试

知道了这些积木的功能，相信你们一定想到了如何完成英语小词典Ⅱ程序的编写。谁能说说，步骤是怎样的？

这个程序编写比刚才的程序复杂一些！编程过程是这样的：第1步，通过 Wi-Fi 等模块联网；第2步，通过掌控板上的麦克风录制声音；第3步，将识别的声音转换为文字并与词典Ⅰ中列表的内容进行比较，如果相同就显示相应的英文字母。这，不就出来了吗！☺ ☺

我们再来研究一下怎么将掌控板连接互联网，怎么在 mPython 中添加"音频"模块。

知识拓展

1. 掌控板通过 Wi-Fi 连接互联网

掌控板内置了一个 Wi-Fi 模块，可以连接身边的 Wi-Fi 设备。

 积木中有两个参数：第1个参数填写 Wi-Fi 名称，第2个参数填写 Wi-Fi 密码。

 积木用于判断当前 Wi-Fi 是否连接成功。如果连接成功，则返回"真"，否则返回"假"。

2. 怎样在 mPython 中添加"音频"模块？

我们需要打开 mPython 软件，单击"扩展"按钮，选择"讯飞语音"并单击"加载"。操作步骤如图 8-9 所示。

呆哥这一科普，我就有些明白了，编写英语小词典Ⅱ的程序需要在原来的词典Ⅰ的程序中加入"Wi-Fi"功能和"录音"功能。编写程序时我可以先联网，再录音，然后查找出对应单词就行了。

是的，程序编写完了，可千万别忘了在最后需要将单词显示出来喔！

我再顺便说说查找对应单词的编程思路（见图 8-10）。

图 8-9 添加"音频"模块步骤

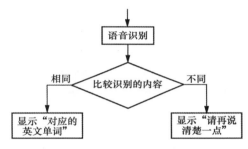

图 8-10 部分程序流程图

我们先画个程序流程图，理一下编程思路。谁来试试将这次任务的程序流程图（见图 8-11）补充完整？

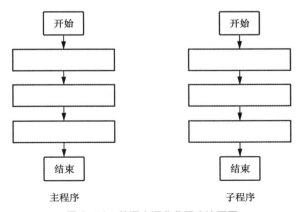

图 8-11 英语小词典Ⅱ程序流程图

看我修改后完成的程序设计（见图 8-12）。

图 8-12　英语小词典Ⅱ程序

哈哈哈哈……看我自信爽朗的笑容，我得意地笑……

小杜同学，你这个英语小词典Ⅱ效果（见图8-13）还真不错，比电子词典方便多了，你们想想还可以做什么？

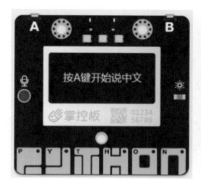

图8-13 英语小词典Ⅱ效果

什么？做个英语小词典就不错了？还能做什么？

不得不说，你的思维太狭隘了，你想，英语老师在英语课上不是经常给我们听写，检查我们的学习情况吗？太辛苦了！我们能不能帮老师做一个"听写机"呢？

有了小贾同学的建议，我们还能让掌控板发挥更大的作用，你们都需要向他学习！

拓展任务：英语听写

哇！掌控板还可以帮助老师呀，我可一定要想办法制作一个"听写机"！我们一起来创作，就这么说定了。

可是，到底要怎么做呢？

在使用"讯飞语音"模块的时候，你们仔细看过其他积木没有？我看到"合成音频"积木可以将文字内容转换为音频文件，还有"音频播放"积木能对音频进行播放呢！

还有这么强大的功能？我一定要学会，要不怎么对得起我超强的天赋？

那我们就一起来学习……

学一学

 小杜同学，为了满足你的要求，我们可以通过讯飞开放平台完成文字转换音频的处理，并通过"讯飞语音"模块中的积木（见表 8-3）播放，这样就做成了一个英语"听写机"。

表 8-3　积木和功能列表 23

积木	功能
音频 初始化	初始化音频播放设备
设音频音量 100	设置音频播放音量
[讯飞语音] 合成音频 APPID APISecret APIKey 文字内容 转存为音频文件 "tts.pcm"	APPID：是用来标记你的开发者账号的，是你的用户 ID；APISecret 和 APIKey 是一对同时出现的密码。这些是平台分配的。 文字内容：指需要软件生成语音的文字。 转存为音频文件：指文字转换成语音后的文件名
音频 播放 "music.mp3"	播放指定的音频文件，可以是 .mp3 文件、.pcm 文件

知识拓展

1. 什么是语音合成？

语音合成是通过机械的、电子的方法产生人造音的技术。TTS 技术 (又称文本—

语音转换技术）隶属于语音合成，它是将计算机自己产生的或外部输入的文字信息转变为可以听得懂的、流利的汉语口语输出的技术。

语音合成技术可以将文字转化为自然流畅的人声，支持中文、英文、中英文混读合成。掌控板支持讯飞开放平台、百度 AI 开放平台。

2. 讯飞开放平台的使用方法

（1）访问讯飞开放平台。

（2）注册讯飞开放平台。

① 单击网页右上角的"注册"（见图 8-14）。

图 8-14

② 填写注册信息，支持微信扫码注册和手机号注册（见图 8-15）。

图 8-15

（3）登录讯飞开放平台。

（4）进入网页右上角的"控制台"（见图 8-16）。

（5）选择网页左上角的"创建新应用"（见图 8-17）。

| 图 8-16 | 图 8-17 |

（6）按自己的意愿填写"新应用"的信息（见图 8-18）。

⚙ 我的应用 〉 自动听写

* 应用名称

自动听写

* 应用分类

应用-教育学习-学习

* 应用功能描述

英语自动听写

提交　　　　返回我的应用

图 8-18

（7）进入上一步建立的应用（见图 8-19）。

图 8-19

（8）将"服务接口认证信息"中的内容复制到掌控板编程模块。

试一试

 老师，我已经已完成了讯飞开放平台的申请，并创建了一个新应用，在里面我看到了我的"服务接口认证信息"，现在可以开始了吗？

 我的也申请成功了，我也要开始编写程序了。

 等等，还记得老师给我们听写时的过程是怎么样的吗？

 我知道，我知道，是说 3 遍英语和一遍中文。

 Right! 没错，我们可以充分利用掌控板的功能，改成播放一遍英语之后在 OLED 显示屏上显示中文，共播放 3 遍，这个建议怎么样？

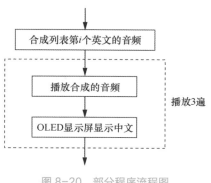 小杜同学这个想法就不错，给你点个赞！

 我用程序流程图绘制了部分编程思路（见图 8-20），大家按照这一思路进行！

图 8-20　部分程序流程图

 按照你的思路，我写了个程序（见图 8-21），是这样吗？

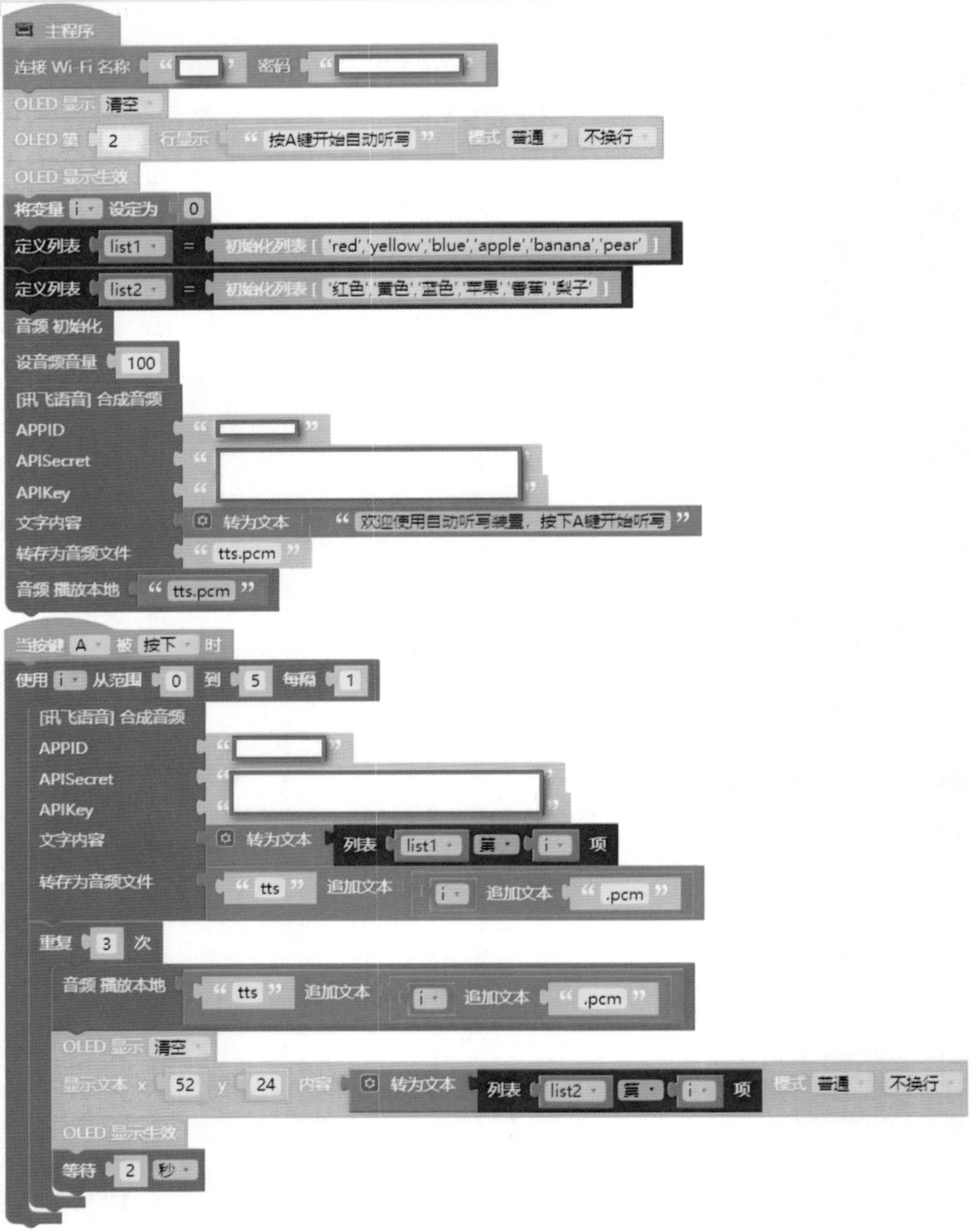

主程序

连接 Wi-Fi 名称 " [ ] " 密码 " [ ] "

OLED 显示 清空

OLED 笔 2 行显示 " 按A键开始自动听写 " 模式 普通 不换行

OLED 显示生效

将变量 i 设定为 0

定义列表 list1 = 初始化列表 ['red','yellow','blue','apple','banana','pear']

定义列表 list2 = 初始化列表 ['红色','黄色','蓝色','苹果','香蕉','梨子']

音频 初始化

设置音频音量 100

[讯飞语音] 合成音频

APPID " [ ] "

APISecret " [ ] "

APIKey " [ ] "

文字内容 ⚙ 转为文本 " 欢迎使用自动听写装置，按下A键开始听写 "

转存为音频文件 " tts.pcm "

音频 播放本地 " tts.pcm "

当按键 A 被 按下 时

使用 i 从范围 0 到 5 每稿 1

　　[讯飞语音] 合成音频

　　APPID " [ ] "

　　APISecret " [ ] "

　　APIKey " [ ] "

　　文字内容 ⚙ 转为文本 列表 list1 第 i 项

　　转存为音频文件 " tts " 追加文本 i 追加文本 " .pcm "

　　重复 3 次

　　　　音频 播放本地 " tts " 追加文本 i 追加文本 " .pcm "

　　OLED 显示 清空

　　显示文本 x 52 y 24 内容 ⚙ 转为文本 列表 list2 第 i 项 模式 普通 不换行

　　OLED 显示生效

　　等待 2 秒

图 8-21 英语听写程序

松松完成得很不错喔，每播完一遍单词停 2s，你可以根据自己的想法调整时间。

秀一秀

哈哈，给你们点赞，相信英语老师一定会夸奖我们很厉害！来看看我的程序的效果（见图8-22）。

 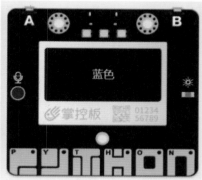

图8-22 英语听写程序的显示结果

果然创新才是王道，通过创新我们将学习的内容进行突破，不仅学习了掌控板的知识，还能够帮助有需要的人！真不错！👍👍👍

科学的本质就是创新，一个国家、一个民族只有不断创新，才能在激烈的国际竞争中始终处于领先地位。我们每一个青少年都应具有创新精神，才会让我们的祖国更加繁荣昌盛。接下来大家一起分享一下你们的"奇思妙想"。

评一评

在完成任务的过程中，你有哪些收获呢？快来写一写吧！

① _____；

② _____；

③ _____。

这节课的3个任务你都完成了吗？请大家填写表8-4记录一下你遇到的困难和解决办法。

表 8-4　学习记录表

在完成任务的过程中，我遇到了一些困难	我的解决办法

再来评一评自己的学习效果吧！请大家用画笔涂一涂，看看自己能得多少颗星星，3 颗星表示优秀，2 颗星表示良好，1 颗星表示继续努力（见表 8-5）。

表 8-5　学习评价表

评价维度	评价内容	我的得星数
学习任务	我能正确运用列表功能，比如英文单词的集合	☆ ☆ ☆
	我能正确连接 Wi-Fi 并将录制语音进行识别	☆ ☆ ☆
	我能正确通过"讯飞语音"合成音频	☆ ☆ ☆
学习表现	小组合作遇到问题时我积极动脑思考	☆ ☆ ☆
	我能主动倾听和帮助组员	☆ ☆ ☆
	在活动过程中我有一些新的想法	☆ ☆ ☆

读一读

Wi-Fi

Wi-Fi 的英文全称为 Wireless Fidelity，以 Wi-Fi 联盟制造商的商标作为产品的品牌认证，是一个创建于 IEEE 802.11 标准的无线局域网技术，作用是通过无线电波来连网。在电波覆盖的有效范围内，可将计算机，手机、平板电脑等终端设备采用无线方式互相连接。如果一台设备开通过了 Wi-Fi 连接，并且其他设备可以通过这个设备接入互联网，我们也称其为"热点"。Wi-Fi 技术与蓝牙技术一样，同属于在办公室和家庭中使用的短距离无线通信技术。